C

Werner Grohmann

Cloud Computing in Deutschland

Vom ASP-Hype bis heute

Marktentwicklung und Status Quo – Definition, Betriebsmodelle und Fachbegriffe – Anwendungsszenarien – Vor- und Nachteile aus Anwendersicht – Praxisbeispiele – Expertenmeinungen

Verlag & Druck: tredition GmbH, Halenreie 40-44, 22359 Hamburg

Cover-Bild: Canva (www.canva.com)

ISBN

Paperback: 978-3-347-00764-2

Hardcover: 978-3-347-00765-9

e-Book: 978-3-347-00766-6

Bibliografische Information der Deutschen Nationalbibliothek

Die Deutsche Nationalbibliothek verzeichnet diese Publikation in der Deutschen Nationalbibliografie; detaillierte bibliografische Daten sind im Internet über http://dnb.d-nb.de abrufbar.

Inhaltsverzeichnis

Einführung – Meine eigenen Anfänge im Cloud Computing

„Na dann gründen wir halt einen Verband!" – Ich nahm meine Präsentation in die Hand und ließ sie in einen imaginären Papierkorb gleiten. Nur die letzte Seite ließ ich vor mir liegen.

Es war Anfang Januar 2000. Gerade hatte ich Vertretern von etwa zwei Dutzend in Deutschland führenden IT-Unternehmen sowie einer Handvoll Startup-Unternehmer mein Konzept für ein Online-Portal mit begleitender Community vorgestellt, über das meine damalige Agentur – mit entsprechender inhaltlicher und natürlich auch finanzieller Unterstützung der anwesenden Unternehmen – ein neues Software-Betriebsmodell auf dem deutschsprachigen Markt etablieren sollte, das damals noch ausschließlich auf dem amerikanischen Markt vertreten war: Application Service Providing (ASP).

Ich war fast am Ende meiner Präsentation angelangt, als es an der Tür klopfte. Herein kamen zwei Mitarbeiter eines der großen internationalen Softwareanbieter, die ich seit Jahren gut kannte. Bevor ich die beiden begrüßen konnte, sagte der eine mit einem fast vorwurfsvollen Unterton „Ich hörte, Ihr gründet da heute einen Verband, da wollen wir unbedingt dabei sein." Beide setzten sich und schauten mich erwartungsvoll an

Ob Sie es nun glauben oder nicht: Ich hatte tatsächlich auf meiner letzten Folie zur weiteren Organisation des Projekts vermerkt, dass ich mir – um dem ganzen einen neutralen, herstellerunabhängigen Ansatz zu verleihen – auch die Gründung eines Verbandes vorstellen könnte. Die dafür erforderliche Rechtsform in Deutschland ist der eingetragene Verein (e.V.). Ob es sich um Telepathie handelte oder ich im Vorgespräch bereits über die Verbandsidee gesprochen hatte, weiß ich heute nicht mehr. Tatsache ist: Bereits auf der CeBIT im Februar 2000 – die Messe fand in diesem Jahr wegen der Expo 2000 vier Wochen früher statt – stellten wir die Verbandsidee für das ASP-Konsortium

Deutschland der Fachöffentlichkeit vor und im März 2000 fand die Gründungsveranstaltung in München statt. Innerhalb eines Jahres gelang es, die Anzahl der Verbandsmitglieder auf 100 Unternehmen zu steigern – bei einer Mitgliedsgebühr von 7.500 (Standard) bzw. 15.000 (Premium) Euro pro Jahr!

Ich fungierte während der Gründungsphase als Geschäftsführer des Verbands, reiste durch die Welt – wir erhielten Einladungen u.a. durch Partner-Verbände in Japan, Dubai und den USA – und erlebte zum ersten Mal am eigenen Leib, was Internet-Boom bedeutete. Leider war der Boom dann auch genauso schnell wieder vorbei. Ich legte mein Amt als Geschäftsführer im Sommer 2001 nach internen Querelen nieder, die Mitgliederzahlen sanken und im Jahr 2003 wurden die Reste des ASP-Konsortium mit dem eco-Forum verschmolzen.

Beim Erscheinen dieses Buches liegt die Gründung des ASP-Konsortiums ziemlich genau 20 Jahre zurück. Seitdem ist einiges geschehen.

- Aus Application Service Providing (ASP) wurde Software-as-a-Service und dann Cloud Computing.

- Ich selbst hatte als IT-Nutzer, aber noch mehr als Unternehmer, Gefallen an der Idee gefunden, mich zukünftig nicht immer wieder mit der eigenen IT „herumschlagen" zu müssen, sondern Software – und andere IT-Dienstleistungen wie z. B. Backup – über das Internet als Service zu beziehen.

- Der deutsche Cloud Computing-Markt galt lange als sehr schwierig und hat sich in vielen Bereichen anders als in anderen Ländern entwickelt. Schon zu Zeiten des ASP-Konsortiums wunderten sich die Kollegen vom ASP Industry Consortium – einem ähnlich gelagerten Branchenverband in den USA – immer wieder, dass viele ihrer Vorschläge sich einfach nicht auf die deutschen Gegebenheiten anpassen ließen. Häufig mussten sie dabei zähneknirschend zugestehen, dass das deutsche ASP-Konsortium doch etwas mehr war als lediglich das „German Chapter" ihrer Organisation.

Ziel des vorliegenden Buches ist es, allen denjenigen, die die letzten zwei Jahrzehnte Cloud Computing in Deutschland nicht miterlebt haben, einen Rückblick auf diese Entwicklung zu vermitteln. Denn genau diese Entwicklung ist die Grundlage für den aktuellen Status Quo des deutschen Cloud Computing-Marktes, auf den ich aus Anwender- aber auch aus Anbietersicht eingehen werde.

Darüber hinaus möchte ich Ihnen, wenn Sie vor der Entscheidung stehen, ob und wie Sie Cloud Services im Unternehmen einsetzen, einige Tipps aus meiner eigenen Praxis als Unternehmer und Marktbeobachter an die Hand geben. Darüber hinaus habe ich einige Praxisbeispiele zusammengetragen, wie andere Unternehmen den Einstieg in die Wolke geschafft haben.

Seit Mitte 2018 bin ich als Podcaster mit dem Cloud Computing Report Podcast aktiv. In dieser Zeit konnte ich einige interessante Interviews mit Marktbeobachtern und Cloud Computing-Anbietern führen. Die aus meiner Sicht spannendsten Interviews habe ich in diesem Buch zusammengefasst.

Falls Sie sich regelmäßig über aktuelle Neuigkeiten aus dem Cloud Computing-Bereich informieren möchten, schauen Sie am besten im Cloud Computing Report (www.cloud-computing-report.de) vorbei. Meine Kollegen aus der Redaktion informieren dort über alle wichtigen Markt- und Produktentwicklungen.

Nun aber wünsche ich Ihnen viel Spaß beim Lesen dieses Buchs und hoffe, Sie finden dort einige Anregungen für Ihre eigene Cloud Computing-Praxis.

Für Fragen, Anregungen und Feedback stehe ich Ihnen gerne unter werner@werner-grohmann.de zur Verfügung.

Freiburg, im Januar 2020
Werner Grohmann

Kapitel 1: Von Application Service Providing zu Software as a Service und Cloud Computing: Die Entwicklung des Cloud Computing-Marktes in Deutschland

Begeben wir uns zum Einstieg auf einen kurzen Streifzug durch die Cloud Computing-Geschichte in Deutschland – vom ASP-Hype des Jahres 2000 über das „Tal der Tränen" in den Jahren 2002 bis 2004 bis zur aktuellen Marktsituation fast zwanzig Jahre später.

Die 90er Jahre: Der ASP-Hype in Deutschland

Wir schreiben die 90er Jahre des letzten Jahrhunderts, der Internet-Boom erlebt gerade bisher ungeahnte Dimensionen. Als gutes Beispiel für die damalige Goldgräberstimmung ist mir ein Werbespot der Firma IBM aus dieser Zeit in Erinnerung. Zwei Geschäftsleute sitzen an einem Tisch, der eine tippt auf einem IBM-Notebook – ja die gab es damals noch, Lenovo kannte damals noch niemand. Der andere liest Zeitung und beginnt auf einmal vorzulesen: „Hier steht, das Internet ist die Zukunft im Business". Mr. Notebook hört auf zu tippen und blickt auf. Mr. Zeitung weiter: „Wir müssen ins Internet." „Wieso?" fragt Mr. Notebook nach einem kurzen Grübeln. „Steht nicht da", antwortet Mr. Zeitung etwas ratlos. Es erscheint die Werbeeinblendung: IBM hilft Ihrem Unternehmen, online ins Geschäft zu kommen.

Die Moral von der Geschichte: Viele Unternehmen drängten damals ins Internet, ohne so richtig zu wissen, was man da eigentlich so macht. Hauptsache dabei sein.

Noch ein Beispiel aus derselben IBM-Werbespot-Reihe: Ein Manager kommt schwungvoll in ein Büro, an dem ein anderer Manager, offensichtlich sein Chef, an einem Notebook sitzt. Lächelnd fragt er: „Siehst gut aus, abgenommen?" und nimmt Platz. „Lass die Späße!" entgegnet der andere unwirsch. „Ich muss dem Management erklären, was unsere Webseite bringt." „Okay" antwortet der andere und blickt ratlos. „Und zwar so, dass sie es verstehen." Beide blicken sich einen langen Augenblick stumm und ratlos an. „Für jede Mark (damalige Währung in Deutschland für die jüngeren Leser unter Ihnen), die wir reinstecken, kriegen wir zwei Mark wieder raus", schießt auf einmal der andere wie ein Maschinengewehr heraus. Beide blicken sich erleichtert an. Es erscheint der IBM-Slogan: „Das Einmaleins fürs Internet".

Und noch eine Moral von der Geschichte: Egal, was man da eigentlich im Internet macht, es wird sich auf jeden Fall auszahlen – und zwar so richtig!

Am 10. März 1997 startete dann auch der so genannte „Neue Markt" (NEMAX), ein Handelssegment der deutschen Börse speziell für Wachstumsunternehmen. Dahinter stand die Idee, jungen Unternehmen so den Weg an die Börse zu ebnen. Zuerst einmal sorgte der neue Markt für das entsprechende „Spielgeld", um neue, in der Regel internetbasierte Geschäftsentwicklung zu verwirklichen. Der Aktienindex schoss dann auch gleich einmal durch die Decke – von einem Anfangsstand von 506,29 am ersten Handelstag auf ein Allzeithoch von 8559,32 am 10. März 2000!! Am letzten Handelstag vor der Schließung am 5. Juni 2003 lag der Index bei jämmerlichen 402,91 Punkten!

Doch kehren wir zurück zu den Anfängen und Hochzeiten des Hypes. In einer derartigen Marktumgebung lag es natürlich auf der Hand, unterschiedlichste Geschäftsmodelle zu entwickeln: 1998 gründeten beispielsweise zwei Studenten eine Firma mit dem Namen Google. Die Geschäftsidee: Eine Suchmaschine für das World Wide Web. Verrückte Idee! Bereits vier Jahre zuvor hatte Jeff Bezos Amazon gegründet. Auch seine Ex-Frau, die er bei der Gründung überredet hatte, ihren Job aufzugeben, fragte ihn angeblich zuerst einmal: „Was ist das Internet?"

Auch hier in Deutschland ließen sich viele vom Internet-Boom anstecken und entwickelten bzw. adaptierten Geschäftsideen aus den USA. Eine dieser Ideen: Das Verfügbarmachen von Softwarelösungen als Service über das Internet: Application Service Providing

Innerhalb von nur wenigen Wochen wurden Ende der 90er Jahre auch in Deutschland die ersten Application Service Provider gegründet (indecom, Einsteinet, Innobase, Victorvox, etc.) bzw. aus bestehenden Unternehmen ausgegründet. Während es sich bei den beiden erstgenannten um absolute Neugründungen handelte, die mit Risikokapital finanziert wurden, war Innobase die Ausgründung der IT-Abteilung der Egora Holding GmbH. Die Victorvox AG dagegen bestritt ursprünglich 95 Prozent ihres Geschäfts mit Mobilfunk (Umsatz 2000: über 700 Mio. DM).

An dieser Stelle sei der Vollständigkeit halber erwähnt, dass heute keiner der oben genannten Anbieter mehr existiert. Allein die Victorvox bestand in den Folgejahren zumindest noch dem Namen nach. Sie wurde 2003 von der Drillisch AG übernommen und 2006 wieder in eine GmbH umgewandelt. Dabei übernahm sie auch wieder ihr ursprüngliches Geschäft als Service-Provider im Mobilfunk, das ASP-Angebot ist verschwunden. 2009 schlug dann endgültig ihr „letztes Stündchen", als sie mit der McSIM Mobilfunk GmbH, heute Drillisch Telecom GmbH verschmolzen wurde.

Aber zurück zu den "goldenen Zeiten" des ASP-Hypes. Die Gründe für den „deutschen Alleingang" Ende 1999/Anfang 2000 lagen zum einen in den weltweiten Prognosen für den ASP-Markt, die diesem Marktsegment ein riesiges Potential prognostizierten, wie die folgende Grafik eines der damals führenden Marktforschungsinstitute als ein Beispiel von vielen verdeutlicht.

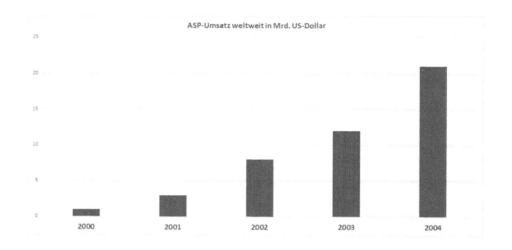

ASP-Umsatz weltweit in Mrd. US-Dollar

Quelle: Meta Group, 2000

Auf der anderen Seite wurde aber bereits früh deutlich, dass speziell der deutsche Markt einer der größten Wachstumsmärkte für ASP weltweit werden sollte. So zeigt die folgende Grafik von Forit aus dem Mai 2000 ein überproportionales Wachstum für den deutschen Markt.

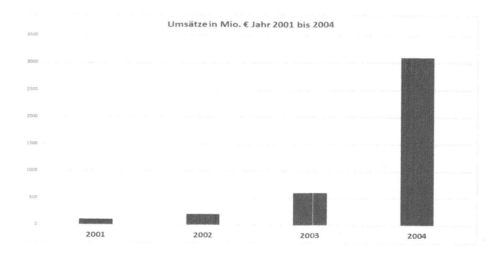

Umsätze in Mio. € Jahr 2001 bis 2004

Quelle: Forit GmbH, Mai 2000

Eine vom amerikanischen ASP Industry Consortium bei Ovum in Auftrag gegebene Studie, die ebenfalls im Mai 2000 veröffentlicht wurde, machte zum ersten Mal den Bedarf in Unternehmen nach ASP-Lösungen deutlich. Im europaweiten Vergleich lag Deutschland dort in Führung. Die Analysten fanden heraus, dass in Deutschland angeblich fast 70 Prozent der Unternehmen innerhalb der nächsten 18 Monate gewillt seien, ASP-Lösungen einzusetzen.

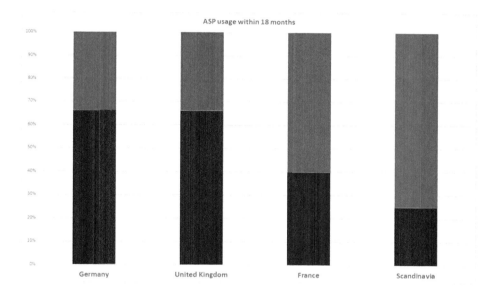

Quelle Ovum, Mai 2000

Als Begründung für den zu erwartenden ASP-Boom in Deutschland gaben die Marktbeobachter zu Protokoll, Deutschland sei aufgrund seines zahlenmäßig stark vertretenen Mittelstands auf Anwenderseite, aber auch aufgrund seiner Vielfalt an so genannten „vertikalen Lösungen" (Branchenlösungen) prädestiniert für das ASP-Modell. Goldgräberstimmung machte sich breit.

17

Das ASP-Hype-Jahr 2000

Die Prognosen der Marktforscher und Analysten führten zu einem wahren „Run" auf das Thema ASP. So häuften sich bereits zu Beginn des Jahres 2000 die Ankündigungen führender IT-Anbieter, nun auch mit sieben- bis achtstelligen Beträgen in das ASP-Geschäft zu investieren. Wer aufgrund seines Produktportfolios nicht selbst in das ASP-Geschäft einsteigen konnte oder wollte, legte umfangreiche ASP-Partnerprogramme auf (IBM, Microsoft, SUN, Oracle, Fujitsu Siemens, Hewlett Packard, Citrix, u.v.m.). Die bereits erwähnten „1st Generation" ASPs waren gern gesehene Gäste auf Messen und Kongressen und fühlten sich bald als „Everybody's Darling".

Darüber hinaus schossen die Technologiebörsen, allen voran der Neue Markt, in der ersten Hälfte des Jahres 2000 in ungeahnte Höhen, so dass einer weiteren Expansion eigentlich nichts im Weg stand. Allen Marktteilnehmern war klar, dass umfangreiche Vorinvestitionen notwendig waren. So investierte die Firma Einsteinet nach eigenen Angaben eine dreistellige Millionensumme für den Auf- und Ausbau der beiden Rechenzentren in Kempten und Hamburg. Aber selbst diese Summen schienen vor dem Hintergrund der damaligen Börsensituation kein Problem zu sein. Verstärkt wurde die Euphorie zudem durch die sichere Annahme, dass Anwender im Gegensatz zu vielen anderen Internet-Diensten bereit sein würden, für ASP-Dienste zu bezahlen.

Das Jahr 2001 – Das Jahr der Ernüchterung

Aber wie so oft klafften auch beim Thema ASP Theorie und Praxis meilenweit auseinander. Dies zeigte sich dann drastisch mit dem Platzen der Internet-Blase zu Beginn des Jahres 2001. Als Gründe für das zeitgleiche Ende des ASP-Hypes müssen sowohl hausgemachte Probleme der jungen ASP-Branche als auch externe Effekte genannt werden, für die der ASP-Markt nicht verantwortlich gemacht werden kann.

Interne ASP-Probleme

Bereits Anfang 2001 kam eine vom Marktforschungsunternehmen Berlecon Research unter deutschen ASP-Anbietern durchgeführte Befragung zu dem Ergebnis, dass wohl manche Branchenneulinge die Komplexität von ASP-Lösungen unterschätzt hatten. Der Zeitraum, der benötigt wurde, bis die für einen reibungslosen Betrieb einer ASP-Lösung benötigte Infrastruktur implementiert und abgestimmt war, war weitaus länger als angenommen. Dies wurde dann schnell auch den ersten ASP-Kunden klar: Von einer „Software aus der Steckdose" waren die ersten Angebote noch meilenweit entfernt.

Außerdem muss dem damaligen ASP-Markt der Vorwurf gemacht werden, dass sich die Marktteilnehmer – wie leider häufig in der Informations- und Kommunikationstechnologie üblich – zu Beginn in einen Streit um Begriffe und Definitionen verstiegen. Ist ASP nun mehr als Outsourcing? Ist es dasselbe? Ist es etwas komplett anderes? Ist ASP nur ASP, wenn die Nutzung über das Internet erfolgt? Ist ASP etwas für den B2C-Markt oder den B2B-Markt? Die einzige Folge dieser immer wieder in der Öffentlichkeit diskutierten Fragen war eine komplette Verwirrung beim Endkunden, was erst einmal zu einer abwehrenden Haltung führte, nach dem Motto: „Entscheidet Euch erst einmal, was Ihr uns da verkaufen möchtet, und dann meldet Euch wieder."

Noch heute erhitzen sich die Gemüter mancher an der Definition von ASP, Software-on-Demand, Software-as-a-Service, Cloud Computing, u.v.m. Den Kunden lässt nach meiner eigenen Beobachtung diese Diskussion größtenteils kalt. Er möchte lediglich wissen, wie er die angebotenen Services einsetzen kann und welchen Nutzen er aus diesen Lösungen ziehen kann.

Externe ASP-Probleme

Neben diesen hausgemachten Problemen gibt es wie bereits angedeutet, eine ganze Reihe von Problemen, für die der damals noch junge ASP-Markt nicht verantwortlich gemacht werden kann.

Wer hätte noch Ende 2000 gedacht, dass es innerhalb von nur wenigen Wochen zu einem so dramatischen Verfall der Technologiebörsen kommen könnte? Wie an anderer Stelle bereits erwähnt, wurden die meisten deutschen ASPs Ende der 90er Jahre des letzten Jahrhunderts gegründet, also typische Startup-Unternehmen. Was aber noch im Herbst 2000 als Synonym für Kreativität und Innovationskraft galt, wurde innerhalb kürzester Zeit zum „Malus". Der Begriff „Startup" wurde zum Unwort. Noch viel schlimmer waren die Folgen dieser Entwicklung.

Zu Beginn des Jahres 2001 scheiterten fast alle Finanzierungsrunden bei ASP-Unternehmen, selbst die bereits angekündigten. Die Geldschatullen der Investoren und Risikokapitalgeber, die noch im Vorjahr bereitwillig geöffnet wurden, wenn man mit einer Idee kam, die auch nur annähernd etwas mit Internet oder E-Business zu tun hatten, blieben verschlossen. An einen Börsengang zur Finanzierung des weiteren Wachstums wagte damals ebenfalls kein Unternehmen mehr zu denken. Selbst die Telekom verschob den Börsengang ihrer Tochter T-Mobile mehrfach. Rückblickend hat's nicht viel geholfen.

Und so mussten sich ASPs in der Folgezeit immer häufiger der Frage stellen lassen, was denn eigentlich passieren würde, wenn sie in Konkurs gingen. Darüber hinaus drückte natürlich die sich eintrübende Stimmung an den Weltmärkten auf die Stimmung. Die meisten Anwenderunternehmen hatten begriffen, dass sie den Wettlauf um neue E-

Business-Technologien nicht mitmachen mussten und schalteten einen, wenn nicht zwei Gänge zurück. Investitionen in neue Technologien wurden erst einmal zurückgestellt. Das Schreckgespenst vom „Investitionsstau", der sich einfach nicht auflösen wollte, machte die Runde.

Die Jahre 2002 bis 2004: ASP-Begriff ist "verbrannt"!

Die Schlagzeile vom „verbrannten" Begriff ASP machte in der Folgezeit die Runde. Ungeachtet der vielen externen Probleme, für die sie nun wirklich nicht verantwortlich gemacht werden konnte, musste sich auch die ASP-Branche den Vorwurf gefallen lassen, die Öffentlichkeit mit einem Geschäftsmodell getäuscht zu haben, das scheinbar überhaupt nicht realisierbar sei. Die "Konsolidierung am Markt" ging weiter – will heißen – weitere Anbieter verschwanden vom Markt oder besannen sich auf ihr ursprüngliches Geschäft.

Interessanterweise wurden gerade in dieser Phase die Grundlagen geschaffen, die für die weitere – positive – Marktentwicklung bis heute sorgten. Das Internet setzte seinen Siegeszug unbeirrt fort. Immer mehr Menschen nutzten es in der Folgezeit aber nicht mehr nur als Informationsquelle, sondern auch als Anwendungsplattform, z.B. zum Shoppen, zum Kommunizieren und irgendwann dann sogar dazu, um ihre Bankgeschäfte abzuwickeln. Mit der Vorstellung des ersten iPhone im Jahr 2007 setzte darüber hinaus ein Trend ein, der heute dazu geführt hat, dass viele von uns ohne ihr Smartphone – und die vielen darüber nutzbaren Cloud Services – nicht mehr leben können.

Eine weitere wichtige Voraussetzung war der Durchbruch im Bereich DSL. Ich selbst erinnere mich noch sehr gut an erste ASP-Anwendungen, bei denen das Arbeiten nicht wirklich schnell war und das Internet seinem Ruf als "World-wide wait" alle Ehre machte. Davon kann heute keine Rede mehr sein. In den meisten Fällen merkt der Anwender heute gar nicht mehr, ob er eine Anwendung lokal auf seinem Rechner oder aus dem Firmennetz oder online als Cloud Service nutzt.

Cloud Computing in den 2000er-Jahren: Unterschiedliche Marktentwicklung

Verfolgt man die Marktentwicklung des deutschen, aber auch des internationalen Cloud Computing-Marktes in den Jahren nach dem Platzen der Internet-Blase, so fällt eine sehr unterschiedliche Marktentwicklung auf.

Während das Thema international so richtig an Fahrt aufnimmt – ich werde gleich noch einige Beispiele nennen – ist in Deutschland offiziell von der Wolke noch überhaupt nicht die Rede. Der ASP-Hype ist vorbei, das Geschäftsmodell funktioniert nicht, also Schwamm drüber!

Nicht ganz. Es gibt bis heute eine ganze Reihe deutscher Unternehmen, die zu Beginn des neuen Jahrtausends gegründet wurden und ihr Geschäftsmodell weiter darauf fokussierten, ihre Lösungen via Internet in einem nutzungsabhängigen Bezahlmodell anzubieten: Heute sagte man dazu Cloud Computing – und die Unternehmen können sich heute ohne Übertreibung als „Cloud Pioniere" bezeichnen.

Nachfolgend stelle ich Ihnen einige dieser Cloud Pioniere vor.

Die Firma Onventis wurde im Jahr 2000 gegründet und bietet bis heute eine cloudbasierte Softwarelösung für die elektronische Beschaffung, das so genannte E-Procurement an. Heute wickeln nach Onventis-Angaben weltweit ca. 400.000 Nutzer knapp zehn Milliarden Euro Einkaufsvolumen jährlich über die Onventis Plattform ab. Die Plattform wird in 136 Ländern eingesetzt und ist mittlerweile in 14 Sprachen verfügbar.

In einem Gespräch mit Onventis Geschäftsführer Frank Schmidt für den Cloud Computing Report Podcast im Jahr 2019 blickte ich auf die bewegte Firmengeschichte seit der

Gründung im Jahr 2000 zurück. Herr Schmidt nannte als wichtigsten Meilenstein eine komplette Restrukturierung des Unternehmens im Jahr 2013, die letztendlich dazu führte, dass der Umsatz des Unternehmens in den letzten Jahren überproportional wuchs. Die Amerikaner nennen dieses Phänomen gerne einen „Ten Year Overnight Success".

Ein anderer deutscher Cloud Pionier ist die Firma Brainloop. Das Unternehmen bietet eine Plattform für die firmenübergreifende Zusammenarbeit von Unternehmen, einen sogenannten virtuellen Datenraum. Dabei legte das Unternehmen von Anfang an großen Wert auf die Datensicherheit, wenn beispielsweise sensible Daten gespeichert und/ oder ausgetauscht werden sollen. In einem Interview, das ich mit ihm 2019 führen konnte, erläuterte Oliver Gajek, einer der Mitgründer von Gajek einige der wichtigsten Einsatzbereiche. Er erklärte: „Wir hatten uns sehr früh konzentriert auf das Thema unternehmensübergreifende Zusammenarbeit. Wir hatten herausgefunden, dass die Unternehmen innerhalb der Firewall sehr viel in IT investiert hatten. Sobald aber die Unternehmensgrenzen überschritten wurden, gab es damals außer E-Mail-Attachments und Dokumente hin- und herwerfen noch keine technische Lösung. Dabei passieren gerade unternehmensübergreifend besonders spannende Prozesse wie z.B. strategische Projekte, M&A (Mergers & Acquisitions), Arbeiten mit Aufsichtsräten aber auch Unternehmensberatern. Genau für diese dokumentenzentrierte Arbeit haben wir dann eine Cloud-Plattform entwickelt und angeboten. Damals hieß das Ganze noch gar nicht Cloud, sondern ASP."

Herr Gajek verließ das Unternehmen 2009, im Sommer 2018 wurde Brainloop dann von der Diligent Corporation übernommen. Diese Übernahme sorgte zumindest kurzzeitig für etwas Aufsehen, denn immerhin arbeiten die meisten DAX-Unternehmen mit der Lösung. Auf die Problematik CLOUD Act vs. DSGVO werde ich an anderer Stelle noch genauer eingehen.

Ein weiteres deutsches Unternehmen, das sich mittlerweile in diesem Bereich als Cloud-Anbieter etablieren konnte, ist die 2004 gegründete Firma netfiles. netfiles ermöglicht Unternehmen einen sicheren Datenaustausch und eine zentrale, sichere Online-Dokumentenverwaltung mit detaillierten Zugriffsrechten und mobiler Zugriffsmöglichkeit. Mit der Cloud-Lösung können Daten innerhalb des Unternehmens oder mit Kunden und Lieferanten sicher ausgetauscht und sichere Datenräume für beispielsweise M&A Projekte, Due Diligence Prüfungen, Asset-Transaktionen, Board Communication, Immobilien- und Vertragsmanagement eingerichtet werden. Bei netfiles bemüht man sich – vielleicht mit Seitenhieb auf den „Neu-Amerikaner Brainloop" – darum, zu versichern, dass das Unternehmen inhabergeführt und vollständig aus Eigenmitteln finanziert sei.

Im Bereich Personalwesen hat sich mit der Firma rexx systems ein in Deutschland ansässiger Cloud-Anbieter etabliert, der bereits im Jahr 2000 gegründet wurde und seinem damaligen cloudbasierten Geschäftsmodell bis heute treu geblieben ist. rexx systems bietet Software-Lösungen in den Bereichen Bewerbermanagement, Talent Management und Human Resources im Cloud Modell. In einem Interview für den Cloud Computing Report Podcast erläutert der Vertriebschef von rexx systems Matthias Dietrich, weshalb man sich schon sehr früh auf den Cloud-HR-Bereich fokussiert hat. Anlass für die Gründung des Unternehmens war die Suche eines international tätigen Dienstleistungsunternehmens nach einer webbasierten Recruiting-Software. Da es eine solche Software zum damaligen Zeitpunkt im deutschsprachigen Raum noch nicht gab, fiel die Entscheidung, eine solche Lösung selbst zu entwickeln: Die Geburtsstunde von rexx systems.

Und noch ein weiterer Cloud-Pionier aus Deutschland sei an dieser Stelle kurz vorgestellt. Die Firma provantis IT Solutions stellte ebenfalls bereits im Jahr 2000 mit ZEP – Zeiterfassung für Projekte – (www.zep.de) eine cloudbasierte Softwarelösung für die Bereiche Zeiterfassung und Projekt-Controlling vor. Zielgruppe für die Lösung, die mittlerweile von mehr als 900 Unternehmen genutzt wird, sind Unternehmen in projektorientierten Branchen, also der IT-Branche, der Unternehmensberatung oder dem Agenturbereich.

Allen diesen Unternehmen kann rückblickend ein „langer Atem" beschieden werden und der Glückwunsch, letztendlich auf das „richtige Pferd" gesetzt zu haben. Dennoch, das zeigen auch die Gespräche mit den jeweiligen Firmenvertretern, war es ein zum Teil sehr steiniger Weg.

Der internationale Cloud-Markt „hebt ab"

Völlig anders verhält es sich da mit dem internationalen Cloud Markt. Auch dieser erlebte in den 90er Jahren – wo sollte der Hype in Deutschland auch herkommen – einen ersten Boom. Auch in den USA und vor allem auch in Skandinavien schossen Unternehmen wie Pilze aus dem Boden, deren Geschäftsmodell darin bestand, webbasierte Software als Service anzubieten. Anders als in Deutschland folgte nach dem Hype allerdings nicht die Ernüchterung, der Hype ging weiter – und hält größtenteils bis heute an.

Der Grund, dass das 2008 von mir ins Leben gerufene Onlineportal SaaS-Forum so heißt, liegt hauptsächlich darin, dass das Online-Portal ursprünglich als wirkliches Forum geplant war, auf dem sich Menschen treffen und zum Thema Software-as-a-Service austauschen sollten. Die Premiere feierte das SaaS-Forum 2007 auf der Fachmesse Systems in München. Die Älteren von Ihnen werden sich vielleicht noch an die IT-Messe erinnern, die Jahre lang versuchte, die Süd-Alternative zur jährlich in Hannover stattfindenden CeBIT zu sein.

Mit dem Veranstalter, der Messe München, hatte ich vereinbart, einen Gemeinschaftsstand zum Thema Software-as-a-Service umzusetzen. Dank tatkräftiger Unterstützung einer Handvoll von SaaS-Anbietern gelang dies dann auch sehr gut.

Zu den Premieren-Ausstellern des SaaS-Forums auf der Systems 2007 gehörte ein Unternehmen, das damals noch ganz neu auf dem deutschen Markt war: Salesforce.com

Gegründet 1999 von einem ehemaligen Oracle-Mitarbeiter war das Unternehmen angetreten, „das Ende der (traditionellen) Software" einzuläuten. Ich erinnere mich noch gut an die „No Software"-Sticker, die überall auf dem Gemeinschaftsstand verteilt wurden und doch für das ein oder andere Stirnrunzeln sorgte. Gemeint war damit natürlich nicht, Software im Allgemeinen abzuschaffen, sondern vielmehr die Art und Weise, wie Software bis zum damaligen Zeitpunkt vertrieben und genutzt wurde: Im klassischen Lizenzmodell, bei dem Software gekauft und dann vor Ort beim Unternehmen installiert und betrieben wird. Dieser Linie ist das Unternehmen bis heute treugeblieben. Mit dem entsprechenden Erfolg: Im Geschäftsjahr 2018 erzielte Salesforce.com mit knapp 30.000 Mitarbeitern einen Umsatz von etwas mehr als zehn Milliarden US-Dollar. Eine Geschäftsentwicklung, von der die deutschen Cloud-Pioniere nur träumen können.

Ein weiterer Aussteller auf dem SaaS-Forum 2007 war die Firma ProjectPlace aus Schweden. Das 1998 gegründete Unternehmen verfolgte ebenfalls einen „Cloud-only"-Ansatz, allerdings im Bereich Projektmanagementsoftware. Nach der Veranstaltung durfte ich das Unternehmen dann bei einer Reihe von Markteinführungskampagnen für den deutschen Markt unterstützen und wir wurden dann sogar Nachbarn im selben Bürokomplex am Münchener Flughafen. Und so traf ich mich regelmäßig mit dem damaligen Deutschland-Geschäftsführer – einem gebürtigen Schweden mit wunderbarem „IKEA-Akzent" – zum Mittagessen im „Airbräu". Eines Tages zeigte er mir sein neustes Mobil-Telefon, den Nokia Communicator, den Urahn aller Smartphones, auf dem man erstmals sogar E-Mails empfangen konnte. Er hatte das Teil so konfiguriert, dass er jedes Mal, wenn ein neues Benutzerkonto für seine Cloud-Software bestellt wurde, ein Signalton ertönte. Ich bat ihn dann irgendwann, das Teil doch bitte abzustellen, denn es klingelte fast ununterbrochen. Innerhalb von nur zwölf Monaten nach Markteinführung in Deutschland gelang es ProjectPlace, auf dem deutschen Markt einen Subskriptions-Umsatz von einer Million Euro zu erzielen. Die Zahlen stiegen weiter kontinuierlich an. 2014 wurde das Unternehmen dann vom amerikanischen Software-Anbieter Planview übernommen, der die Lösung auch heute noch unter dem Namen ProjectPlace vermarktet.

Und noch ein drittes Beispiel vom SaaS-Forum 2007. Kennen Sie die Firma Expertcity? Ich auch nicht, zumindest kannte ich sie nicht, bis ich auf dem SaaS-Forum 2007 Bernd Oliver Christiansen kennenlernte. Der Hanseate hatte das Unternehmen 1997 gemeinsam mit seinem Professor und einem Kommilitonen an der University of California in Santa Barbara gegründet. Die erste Software hieß GoToMyPC und war 2001 eine der ersten Remote Access-Anwendungen auf dem Markt. Die zweite Web-Anwendung hieß dann GoToAssist, eine Help Desk-Anwendung.

Im Jahr 2003 wurde Expertcity dann von der Firma Citrix für geschätzte 225 Millionen US-Dollar übernommen und als Citrix Online weitergeführt. Heute gehört die Software-Lösung, die in der Folgezeit um weitere „GoTo"-Produkte erweitert wurde, zur Firma LogMeIn.

Wie die drei Beispiele zeigen, ging international bereits vor mehr als zehn Jahren bei den Themen Cloud Computing und Software-as-a-Service bereits so richtig die Post ab, während das Thema in Deutschland so langsam erst seinen zweiten Frühling erlebte.

Cloud Computing: Die Großen „fremdeln" anfänglich, holen dann aber dramatisch auf

An dieser Stelle stellt sich nun die Frage: „Wie gingen eigentlich die Größen der IT-Branche damals mit dem Thema Cloud Computing um?"

„Eher etwas stiefmütterlich!" müsste man aus heutiger Sicht vielleicht antworten. Microsoft versuchte noch 2008, unter dem Begriff „Software-plus-Services" ein eigenes Konzept der zukünftigen Softwarenutzung am Markt zu platzieren. Ich habe noch einen alten Blogbeitrag eines Microsoft-Mitarbeiters vom Oktober 2008 gefunden, indem dieser das Software plus Services"-Konzept wie folgt definiert:

„Mit der ‚Software-plus-Services' Strategie schlägt Microsoft ein neues Kapitel in der Evolution seiner Plattform auf. ‚Software-plus-Services' geht ja davon aus, dass

Unternehmen in Zukunft für ihre IT-Anforderungen eine Kombination aus Internetser-vices und lokal betriebenen Client- und Server-Anwendungen einsetzen. D.h. Unterneh-men sollen von Fall zu Fall entscheiden können, welche Teile ihres IT-Portfolios lokal und welche in der "Cloud" betrieben werden. Diese Entscheidung soll sowohl für ganze An-wendungen, für einzelne Services bis hin zu Anwendungskomponenten möglich sein. Dies hat natürlich tiefgreifende Auswirkungen auf die Plattform, für die ja der Anspruch gilt, dass die Entscheidung für ein Deployment-Modell erst nachgelagert getroffen wer-den kann."

Aus heutiger Sicht würde man dieses Konzept wohl als „Hybrid Cloud" bezeichnen. Der Grund für dieses Konzept lag damals aber schlicht darin, dass Microsoft keine Cloud Ser-vices oder webbasierten Softwarelösungen im Portfolio hatte.

Dies änderte sich erst mit dem Amtsantritt des heutigen Microsoft CEO Satya Nadella im Jahr 2014. Mit seiner „Cloud first"-Strategie gab er den Startschuss für den Eintritt seines Unternehmens in das Cloud-Zeitalter. Mittlerweile muss man neidlos zugestehen, dass Microsoft diesen Eintritt erfolgreich vollzogen hat und mittlerweile auch im Cloud Com-puting-Markt (wieder) zu den Großen gehört.

Wenig überraschend verlief die Transformation zur Cloud Company bei Oracle sehr emotional, was natürlich vor allem am charismatischen Oracle Chef Larry Ellison liegt. Noch 2008 urteilte dieser über Cloud Computing „It's complete gibberish. It's insane" und legte wenig später nach: „Die Computerindustrie ist die einzige, die noch stärker von Moden beeinflusst ist als der Markt für Frauenbekleidung. Vielleicht bin ich ein Idiot, aber ich weiß nicht, wovon die Leute eigentlich reden. Worum geht's? Das ist doch ab-solutes Geschwafel. Irrsinn! Wann hört diese Idiotie endlich auf?"

Zur Ehrenrettung von Ellison muss das Zitat – dies wird nämlich häufig unterschlagen – allerdings vollständig wiedergegeben werden. Er fährt dann nämlich fort: „Natürlich werden auch wir Cloud-Ankündigungen machen. Ich werde nicht dagegen kämpfen. Ich verstehe nur nicht, was wir künftig anderes tun als sonst."

Vier Jahre später, auf der Oracle OpenWorld 2012, klang dies dann schon anders. „I am here to talk about Cloud Computing" begann der Oracle Chef damals seine Keynote.

Heute bietet Oracle über die Oracle Cloud ein breites Spektrum an Infrastructure-as-a-Service-, Platform-as-a-Service- und Software-as-a-Service-Lösungen an. "Insane" ist daran wohl nichts mehr.

Und was ist mit dem deutschen IT-Branchen-Primus SAP? Auch dieser tat sich mit dem Cloud Computing-Betriebsmodell anfangs sehr schwer. Mit der SAP Cloud Plattform wurde erst 2012 – also deutlich später als bei den Wettbewerbern – eine entsprechende Grundlage geschaffen. Dies führt auch immer wieder dazu, dass gerade Salesforce.com CEO Marc Benioff nicht müde wird, in Interviews immer wieder zu betonen, dass SAP den Cloud-Zug eigentlich etwas verschlafen habe. Und auch von anderer Seite erhält SAP mit seinen Cloud Plänen Gegenwind. Bei den eigenen Kunden und deren mächtige Vertretung, die deutsche SAP-Anwendergruppe (DSAG), stoßen die Cloud-Pläne des Walldorfer Konzerns nicht uneingeschränkt auf Gegenliebe. So zeichnet eine DSAG Online-Umfrage aus dem Sommer 2018 ein sehr diversifiziertes Bild zur Cloud-Nutzung. Die DSAG erklärt bei der Vorstellung der Ergebnisse: „Speziell Marketing- und Vertriebsprozesse werden von DSAG-Mitgliedern heute schon ausgelagert. 48 Prozent der Befragten nutzen diese aus der Cloud. Wesentlich ist auch ein weiteres Ergebnis der Umfrage: Kernprozesse verbleiben zum Großteil im ERP, lediglich 10 Prozent der Befragten verlagern sie in die Cloud."

Inwieweit diese Zahlen sich mittlerweile verändert haben, ist nicht bekannt. Dennoch scheint es für SAP doch etwas schwieriger zu sein, seine Cloud-Angebote im Markt zu platzieren, also für seine größtenteils amerikanischen Wettbewerber.

Was macht eigentlich GAFA?

GAFA wer? Ich muss gestehen, ich kannte den Begriff bisher auch noch nicht, bin dann aber bei der Lektüre der Rezension für ein Buch zur digitalen Transformation darüber gestolpert. Und eine entsprechende Recherche im Internet brachte dann zu Tage, dass der Begriff wohl doch gebräuchlicher ist, als ich ursprünglich annahm. Die Abkürzung steht für **G**oogle, **A**pple, **F**acebook und **A**mazon.

Die Google Cloud ging im Jahr 2008 online. Die entsprechenden Softwareanwendungen wie Gmail (2004), Google Docs (2006) oder die G-Suite (2007) waren zu diesem Zeitpunkt bereits verfügbar.

Apple ging mit seiner iCloud sogar erst 2011 an den Start. Die iCloud löste damals Apple MobileMe ab, das erstmals 2008 vorgestellt worden war, allerdings bei der Einführung große Probleme verursachte. Der Dienst war zu Beginn nicht oder nur eingeschränkt verfügbar und gerade, wenn er als Webanwendung genutzt wurde, fürchterlich langsam. 2012 schlug dann endgültig das letzte Stündchen von MobileMe. Als großer Vorteil für die Verbreitung der iCloud erwies sich, dass der Dienst insbesondere von Apple iPhone- und iPad-Besitzern zur Synchronisation ihrer Daten verwendet wird.

Facebook soll an dieser Stelle nur der Vollständigkeit halber erwähnt werden, sonst würde aus GAFA ja GA.A. Das soziale Netzwerk ging 2004 online. Über die Entstehungsgeschichte und die Entwicklung von Facebook zum weltweiten Phänomen mit fast drei Milliarden Nutzer wurde genug gesagt und geschrieben – selbst Hollywood hat dem Thema bereits einen eigenen Film gewidmet. Aus diesem Grund möchte ich hier auch gar nicht so viele Worte verlieren. Facebook ist natürlich rein technisch gesehen eine Cloud-Anwendung, das Geschäftsmodell besteht allerdings nicht darin, die Cloud Plattform selbst kommerziell zu vermarkten. Facebook und seine Schwestern Instagram und WhatsApp werden auch heute noch kostenlos angeboten. Stattdessen verkaufen Marc Zuckerberg und seine Leute Werbung – und leider wohl auch die Nutzerdaten.

Anders als Facebook handelt es sich bei den Amazon Web Services, die erstmals 2006 vorgestellt wurden, um dediziert für den Cloud Computing-Einsatz konzipierte Dienste. Sie bilden den kompletten „Stack" an IT-Komponenten – Server (EC2), Speicher (S3), Netzwerk (CloudFront), Datenbank (Simple DB/RDS), Entwicklungsplattform (Elastic Beans-talk), Verzeichnisdienst (AWS IAM) – ab. Seit 2013 werden Amazon Web Services auch in Deutschland, nämlich in Berlin und Dresden, entwickelt, in Frankfurt am Main betreibt Amazon für AWS mehrere Rechenzentren. Ziel des AWS-Angebots war es von Anfang an, Entwicklern eine IT-Infrastruktur auf Abruf (Infrastructure-as-a-Service, Infrastructure-on-Demand) zur Verfügung zu stellen. Es wird immer wieder behauptet, Amazon habe die Dienste ursprünglich nur entwickelt, um seine eigene, für den Betrieb der Amazon E-Commerce-Plattform benötigte IT-Infrastruktur besser auslasten zu können. In einer Quora-Session 2011 widerspricht Amazon CTO Werner Vogels dieser Behauptung. Er erklärte damals: "Die Geschichte mit der Auslastung von Überkapazitäten ist ein Mythos. Es ging nie darum, überschüssige Kapazitäten zu verkaufen. In Wirklichkeit hätte AWS bereits zwei Monate nach seinem Launch die komplette überschüssig verfügbare Kapazität bei Amazon.com aufgebraucht. Amazon Web Services wurde stets als eigenes Business betrachtet mit der Erwartung, dass es sogar genau so groß werden kann wie das Amazon.com Handelsgeschäft."

2018 betrug der Gesamtumsatz von Amazon knapp 233 Milliarden Dollar, der Umsatz mit AWS knapp 26 Milliarden Dollar. Bis zum „Gleichstand" zwischen Handels- und Cloud-Business wird es also noch etwas dauern. Auf der anderen Seite wäre wahrscheinlich mancher Cloud Anbieter froh über zweistellige Milliardenumsätze.

Zum Vergleich: Der Umsatz der Google Cloud-Plattform liegt derzeit jährlich angeblich bei ca. acht Milliarden Dollar.

Fazit: GAFA gehörte – ähnlich wie die klassischen IT- und Software-Größen – beilleibe nicht zu den Cloud-Pionieren. Auch die vier Unternehmen stiegen erst Mitte der 2000er-Jahre in dieses Geschäft ein, als sich langsam abzeichnete, dass sich da etwas in der

Wolke tut. Mittlerweile haben sich insbesondere Amazon und Google fest im Cloud Business etabliert. Apple ist mit seiner iCloud der De-Facto Standard zur Ablage und Verwaltung von Dokumenten für iPhone- und iPad-Nutzer. Facebook würde ich nicht wirklich als einen typischen Cloud Computing-Anbieter bezeichnen, da das Unternehmen ein völlig anderes Geschäftsmodell verfolgt.

Kapitel 2: Der deutsche Cloud Computing-Markt – Status Quo

„Cloud Computing und SaaS bleiben Trendthemen in der Fachpresse. Auch wenn mittlerweile das SaaS-Angebot gestiegen ist, wird es aber wohl noch lange dauern, bis webbasierte Lösungen allgemein akzeptiert sind – und zwar von allen Marktteilnehmern." So lautete das Fazit einer SoftGuide-Befragung unter deutschen Software-Herstellern aus dem Jahr 2009.

Heute, ein Jahrzehnt später, stellt sich nun also die Frage, wie es mit der Akzeptanz der unterschiedlichen Markteilnehmer beim Thema Cloud Computing aussieht. Für die Beantwortung dieser Frage habe ich mir drei unterschiedliche Markteilnehmergruppen – Anwender, Anbieter und den klassischen IT-Channel - herausgegriffen.

Der deutsche Cloud Computing-Markt aus Anwendersicht

„Cloud-Nutzung auf Rekordniveau bei Unternehmen" – So titelte der Branchenverband Bitkom im Juni 2019 – also zehn Jahre nach der eingangs zitierten Aussage – bei der Bekanntgabe des Bitkom Cloud Monitor 2019, einer repräsentativen Umfrage von Bitkom Research im Auftrag der KPMG AG unter 553 Unternehmen ab 20 Mitarbeitern in Deutschland. Laut Umfrage nutzten im Jahr 2018 drei von vier Unternehmen (73 Prozent) in Deutschland Rechenleistungen aus der Cloud. Im Vorjahr waren es erst zwei Drittel (2017: 66 Prozent). Das ist das Ergebnis einer repräsentativen Umfrage von Bitkom Research im Auftrag der KPMG AG unter 553 Unternehmen ab 20 Mitarbeitern in Deutschland. Weitere 19 Prozent planen oder diskutieren den Cloud-Einsatz. Nur für acht Prozent der Unternehmen ist die Cloud immer noch kein Thema.

„Die meisten Unternehmen können und wollen auf Cloud Computing nicht mehr verzichten. Cloud-Anwendungen sind nicht nur kosteneffizienter, sondern auch die Basis für zukunftsfähige Geschäftsmodelle", erklärte Dr. Axel Pols, Geschäftsführer von Bitkom Research, bei der Vorstellung der Studienergebnisse.

Als Hauptgrund für die „Cloud-Euphorie" gaben die Marktanalysen an, dass es in vielen Unternehmen durch Cloud Computing zu positiven Seiteneffekten kommt. Mehr als die Hälfte der Cloud-Nutzer (57 Prozent) gab an, dass der Cloud-Einsatz einen großen Beitrag zur Digitalisierung des Unternehmens insgesamt leistet. Für die Digitalisierung interner Prozesse sagten dies 52 Prozent und ein Viertel (24 Prozent) gestand dem Cloud Computing einen großen Beitrag für die Entwicklung neuer Geschäftsmodelle zu. „Die digitale Transformation eines Unternehmens startet häufig mit Cloud-Lösungen. In der Praxis sind sie der Motor der Digitalisierung", erklärte Peter Heidkamp, Head of Technology bei KPMG.

Auch das Cloud Computing Marktbarometer Deutschland 2019, das ich regelmäßig mit meinen Kollegen vom Umfrageteam von GROHMANN BUSINESS CONSULTING durchführe, kommt zu einem generell positiven Ergebnis, was die Einschätzung des deutschen Cloud Computing-Marktes betrifft. Anders als die Kollegen von Bitkom Research befragen wir nicht Endanwender, sondern Cloud Computing-Anbieter, da diese ja in ihrer täglichen Praxis mit vielen Cloud Computing-Kunden zu tun haben.

Bereits bei der Vorjahresumfrage (2018) kamen wir zu der Erkenntnis „The Cloud is Here to Stay". Diese Erkenntnis wurde durch die Ergebnisse der diesjährigen Umfrage bestätigt. So ist der Anteil der Anbieter, die „cloud-only" unterwegs sind, also keine klassischen IT-Lösungen mehr anbieten, deutlich gestiegen. Auch der Trend zur Public Cloud hält unvermindert an: Der Anteil der Unternehmen, die ihre Cloud Lösung(en) aus der Public Cloud anbieten, hat sich im Vergleich zum Vorjahr verdoppelt (2018: 20 %).

So traute ich doch meinen Augen kaum, als mir Ende Oktober 2019 die Ergebnisse des Jahrbuchs 2019 des statistischen Bundesamtes auf den Tisch flatterten. Auch dort war nach der Cloud-Nutzung in deutschen Unternehmen gefragt worden. Das Ergebnis: Im Schnitt griff laut Umfrage nur etwa jedes fünfte (!!) Unternehmen (19 Prozent) auf Cloud-Dienste zurück. Mit Blick auf das vergangene halbe Jahrzehnt zeichnet sich zudem eine langsame Adaption ab: 2014 lag der Anteil der Cloudnutzer bei 12 Prozent, 2016 bei 17 Prozent. Kurz gesagt: Deutschland scheint eine der wichtigsten, technologischen Entwicklungen bisher zu verschlafen.

Melanie Bodenseh vom Statistischen Bundesamt erklärt bei der Vorstellung der Ergebnisse: „Die deutschen Unternehmen sind bei der Cloud-Nutzung verhaltener als die Unternehmen in der EU insgesamt" Das zeige sich besonders bei großen Firmen mit mehr als 250 Mitarbeitern. Immerhin 49 Prozent der Unternehmen in dieser Größenordnung nutzen die Cloud — im europäischen Vergleich liege man dennoch sieben Prozentpunkte hinter dem Durchschnitt.

Wenn Cloud-Dienste zum Einsatz kommen, dann in erster Linie für Datenspeicherung (62 Prozent), E-Mails (43 Prozent) und Office-Anwendungen (43 Prozent).

Als ein Grund für den Rückstand beim Thema Cloud-Computing wird der Zugang zum Internet genannt. Gerade einmal jedes zweite Unternehmen in Deutschland verfügt über Highspeed-Internet, also eine Verbindung von mehr als 30 Mbit/s.. Ein weiterer Faktor sind die Bedenken hinsichtlich der IT-Sicherheit und des Datenschutzes. Zumindest in diesem Punkt decken sich die Ergebnisse des statistischen Bundesamts mit den Ergebnissen des Bitkom Cloud Monitor. Und auch bei unseren Cloud Computing-Marktbarometer-Umfragen lag der „Hindernisgrund Datensicherheit und Datenschutz" regelmäßig an erster Stelle. Bei der aktuellen Ausgabe des Marktbarometers wurde er allerdings an erster Stelle abgelöst von „fehlender Innovationsbereitschaft und internen Widerständen (insbesondere der IT-Abteilung) bei den Anwenderunternehmen".

Es ist mir bis zum Erscheinen dieses Buches leider nicht gelungen, herauszufinden, weshalb sich die Ergebnisse der Cloud-Nutzung in deutschen Unternehmen des Statistischen Bundesamts so drastisch von den anderen Umfrageergebnissen unterscheiden. Aus meiner eigenen, freilich subjektiven, Wahrnehmung der derzeitigen Marktsituation kann ich sie auch nicht nachvollziehen. Bestätigt wird meine Einschätzung durch andere Marktteilnehmer auf Anbieterseite. So erklärte beispielsweise Bernd Krakau von DATA-GROUP in einem Interview im Cloud Computing Report Podcast: „Die Cloud ist mittlerweile integraler Bestandteil der IT- und Sourcing-Strategien in deutschen Unternehmen." Und auch Oliver Dehning von Hornetsecurity, den ich ebenfalls für den Cloud Computing Report Podcast interviewen konnte, erklärte im Gespräch lapidar: „Cloud ist Mainstream!"

Nachholbedarf im internationalen Vergleich - German Angst in der IT

Ungeachtet des „Zahlenwirrwarrs" zur Cloud-Nutzung in deutschen Unternehmen stellen Marktbeobachter wie z.B. Frau Bodenseh vom Statistischen Bundesamt seit Jahren einen gewissen „Nachholbedarf" deutscher Unternehmen beim Einsatz von Cloud Computing-Lösungen im Vergleich zum internationalen Cloud Computing-Markt fest. Ein Phänomen, das dabei immer wieder zur Sprache kommt, ist die so genannte „German Angst".

Bereits 2015 ging das Online-Portal CloudComputingInsider in einem Beitrag näher auf dieses Phänomen ein. Ausgangspunkt war eine damals aktuelle Umfrage des Statistischen Bundesamts sowie die EU-Statistikbehörde Eurostat. Im Vergleich der damals 28 EU-Staaten belegte Deutschland mit etwas über zehn Prozent aller Unternehmen nur einen Platz im unteren Mittelfeld. Spitzenreiter war Finnland.

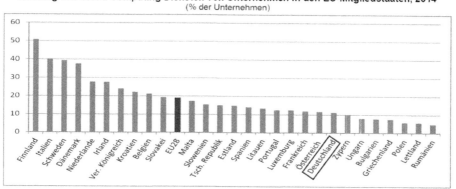

Nutzung von Cloud Computing Diensten von Unternehmen in den EU-Mitgliedstaaten, 2014
(% der Unternehmen)

Quelle: Eurostat, Pressemeldung 9.12.2014

Als Erklärung für die „Angst" in deutschen IT-Abteilungen diente der „2015 Worldwide CIO Survey". Die dort befragten deutschen IT-Verantwortlichen gaben an, dass es ihnen am wichtigsten ist (65 Prozent), die Steuerungsaufgaben in noch kürzerer Zeit zu schaffen, lediglich 45 Prozent von ihnen wollen ihre Führungsrolle visionärer gestalten. Und viele haben schlichtweg Angst. Neun von zehn CIOs zeigen sich im Survey überzeugt, dass die neue digitale Welt große Risiken mit sich bringt. 61 Prozent glauben, dass das eigene Risikomanagement damit nicht Schritt hält.

Der „Generationswechsel" im Cloud Computing

Womit wir beim nächsten Aspekt wären, der den Cloud Computing-Markt in Deutschland derzeit bestimmt. Betrachtet man die Altersstruktur der eben als ängstliche – oder sagen wir konservativ – eingestellten IT-Verantwortlichen in deutschen Unternehmen so handelt es sich dabei um Personen, die in der „Mitte ihres Lebens" stehen (40+, häufig 50+ Jahre alt). Sie haben in der Regel mehr als zwanzig Jahre IT-Entwicklung „auf dem Buckel" und so einiges kommen – und auch gehen – sehen. In langen Nächten und an vielen Wochenenden haben sie alles dafür getan, eine IT-Infrastruktur aufzubauen und zu betreiben, die es dem Unternehmen ermöglicht, sein Business erfolgreich zu gestalten und sich im Wettbewerb zu behaupten. Zu Beginn wurden sie häufig als „Exoten, die da irgendwo im Keller werkeln" belächelt, mit der fortschreitenden Digitalisierung rücken sie seit einigen Jahren immer mehr in den Fokus – ob sie dies wollen oder nicht. Und so kämpfen sie auch heute noch Tag und Nacht dafür, dass die IT-Umgebung läuft, denn heute gilt in dein meisten Unternehmen: „Steht die IT, steht das Unternehmen." Und nun kommen da auf einmal ein paar junge Leute und behaupten, dass dies doch alles nicht sein muss, dass es die IT mittlerweile aus der Steckdose gibt und dass man dazu eigentlich nur ein paar Buttons anklicken und die Kreditkartendaten eingeben muss. Wenn ich mich heute mit diesen IT-Verantwortlichen unterhalte, dann erlebe ich weniger eine „German Angst", sondern eher eine „German Sturheit". Und wenn ich „Angst" spüre, dann eher die Angst um die eigene Bedeutung bzw. die Angst, dass die so liebevoll gepflegte Inhouse-IT einfach zum Auslaufmodell wird.

Im Gegensatz dazu ist Cloud Computing bei der jüngeren Generation, den so genannten „digital natives" nicht wirklich ein Thema. Ich kenne kaum ein Startup-Unternehmen, das sich eine eigene Inhouse-IT leistet. Stattdessen wird einfach auf die heute am Markt verfügbaren Cloud Services zurückgegriffen. Daten werden im Cloud-Speicher abgelegt, auch die Office-Umgebung – Microsoft oder Google – kommt aus der Wolke. Personalmanagement, Projektverwaltung, Vertrieb und Marketing – alles on Demand und auf Knopfdruck.

Ich habe mich vor einiger Zeit mit dem Vertriebschef eines deutschen Softwareanbieters unterhalten, der seine Softwarelösung sowohl im klassischen Lizenzmodell als auch im Cloud Computing-Modell anbietet. Er gestand mir, dass er vor jeder Vertriebspräsentation auf XING oder LinkedIn recherchiert, wie alt der/die Teilnehmer bei der Präsentation sind. Handelt es sich dabei um Personen 40+, präsentierte er seine Lösung als Lizenzlösung und erklärt am Ende, dass es sie auch in der Cloud gibt. Ist sein Gegenüber dagegen jünger, beginnt er die Präsentation mit dem Cloud Service, die Lizenzversion als Option lässt er dann in den meisten Fällen sogar bereits ganz weg. Mit dem Generationswechsel in den IT-Abteilungen wird sich das Cloud Computing-Modell zukünftig auch in Deutschland – davon bin ich absolut überzeugt – als zentrales Betriebsmodell durchsetzen. Es wird zwar auch in Zukunft immer Anwendungsszenarien geben, in denen auch der klassische Inhouse-Betrieb seine Berechtigung behalten wird. Für Standard-IT-Umgebungen wird sich die Cloud aber früher oder später durchsetzen – wenn sie es nicht bereits schon hat.

Der deutsche Cloud Computing-Markt aus Anbietersicht

Wechseln wir nun aber die Sichtweise und begeben wir uns auf die Seite der IT-Anbieter. Wie ich bereits an anderer Stelle erwähnte, führen wir seit mehreren Jahren im Rahmen des Cloud Computing-Marktbarometers Deutschland eine Umfrage zum deutschen Cloud Computing-Markt aus Anbietersicht durch. Vergleicht man die Ergebnisse der bisherigen Ausgaben, so lässt sich ein deutlicher Trend in die Cloud erkennen.

Lassen Sie mich im Folgenden nur kurz auf die wichtigsten Ergebnisse der bei Erscheinen dieses Buchs aktuellen Ausgabe 2019 eingehen. Auf die Frage nach der Bewertung der aktuellen Geschäftslage im Cloud Computing-Bereich antworteten die Umfrageteilnehmer – es beteiligten sich 159 Unternehmen – wie folgt:

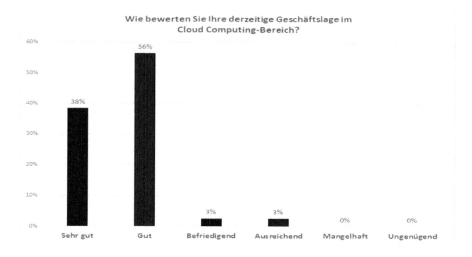

Quelle: Cloud Computing Marktbarometer Deutschland 2019

Ich denke, die Zahlen sprechen für sich. Der Großteil der Befragten ist mit der derzeitigen Geschäftslage mehr als zufrieden.

Auch die Prognose für die weitere Entwicklung ihres Cloud-Business fällt mehr als positiv aus, wie die nachfolgende Grafik zeigt.

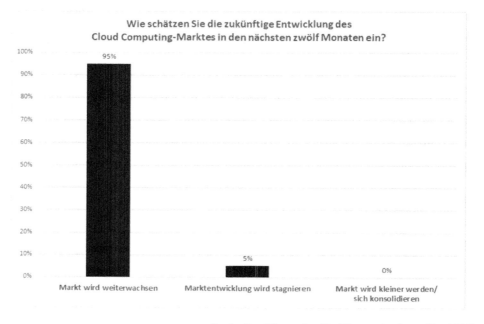

Quelle: Cloud Computing Marktbarometer Deutschland 2019

Darüber hinaus fragen wir bei jeder Ausgabe des Cloud Computing-Marktbarometers Deutschland nach den häufigsten Gründen, weshalb sich die Kunden der befragten Cloud Service Provider für den Einsatz der Cloud Computing-Angebote entscheiden.

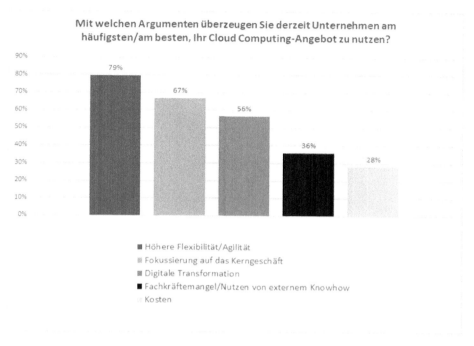

Quelle: Cloud Computing Marktbarometer Deutschland 2019

Ich werde im nächsten Kapitel noch etwas detaillierter auf die Gründe eingehen, die aus Anwendersicht für den Einsatz von Cloud Computing-Lösungen sprechen, ich denke aber, die hier am häufigsten genannten Gründe sind vor dem Hintergrund der aktuellen wirtschaftlichen Situation nachvollziehbar.

Abschließend möchte ich noch auf eine weitere Frage eingehen, die wir standardmäßig bei unseren Umfragen im Rahmen des Cloud Computing-Marktbarometers Deutschland stellen. Denn wenn wir schon nach den Gründen FÜR den Einsatz von Cloud Computing-Lösungen fragen, macht es natürlich auch Sinn, nach den häufigsten Gründen zu fragen, aus denen sich die Kunden unserer Umfrageteilnehmer GEGEN den Einsatz von Cloud Computing-Lösungen entscheiden. Die nachfolgende Grafik stammt aus der Ausgabe aus dem Jahr 2019.

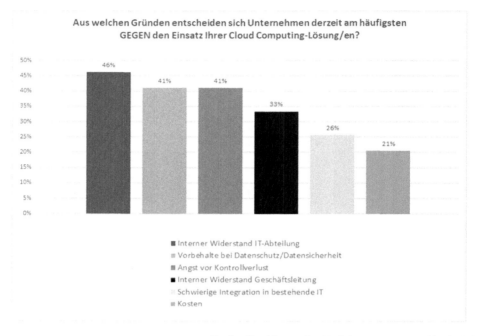

Quelle: Cloud Computing Marktbarometer Deutschland 2019

Wie ich bereits an anderer Stelle kurz erwähnt habe, stellten wir bei dieser Umfrage erstaunt fest, dass der Grund „Vorbehalte bei Datenschutz/Datensicherheit" (endlich) seine Top-Position, die er in den vergangenen Jahren stets innehatte, abgeben musste. Prinzipiell ist dies natürlich eine gute Nachricht. Getrübt wird die Freude allerdings durch die Erkenntnis, dass in dieser Umfrage erstmals die Begründung „Interner Widerstand IT-Abteilung" Platz 1 einnimmt – mit doch deutlichem Abstand von immerhin fünf Prozentpunkten.

Auf der einen Seite bleibt zu hoffen, dass der bereits angesprochene „Generationswechsel" in den IT-Abteilungen dazu führen wird, dass dieser interne Widerstand „bröckelt". Auf der anderen Seite sollten sich aber auch die älteren IT-Verantwortlichen dringend darüber Gedanken machen, ob sie diese Blockadehaltung aufzugeben. Ich bin der festen Überzeugung, dass es IT-Verantwortlichen heute nicht mehr gelingen wird, die dringendsten Herausforderungen der digitalen Transformation ohne den Einsatz von Cloud Services zu meistern.

Die Großen haben die Nase vorne

Lassen Sie mich noch etwas detaillierter auf den deutschen Cloud Computing-Markt aus Anbietersicht eingehen. Wie ich zu Beginn bereits kurz erwähnte, rief ich bereits 2008 das SaaS-Forum mit dem Ziel ins Leben, einen Lösungskatalog von in Deutschland verfügbaren Software-Lösungen zusammenzustellen, die im Software-as-a-Service Modell verfügbar sind. Wenn Sie sich darüber hinaus meinen Streifzug durch die SaaS-/Cloud Computing-Historie aus Kapitel 1 ins Gedächtnis rufen, fällt auf, dass die großen, etablierten Softwarehersteller damals noch nicht auf die Cloud-Karte setzten.

Es ist müßig, sich darüber Gedanken zu machen, ob und inwieweit es für die damaligen Cloud-Pioniere möglich gewesen wäre, sich noch besser am Markt zu etablieren. Mit Salesforce.com ist es zumindest einem, wenn auch internationalen Anbieter gelungen. Ansonsten fällt auf, dass überall dort, wo es spezifische lokale Anforderungen (z.B. gesetzliche Vorgaben) gibt, wie z.B. in der Buchhaltung, im Personalmanagement, in der Zeiterfassung, etc. deutsche Cloud Service Provider über eine gute Marktposition verfügen. In den meisten anderen Bereichen ist es den „Großen" mittlerweile gelungen, „verlorenen Boden" wieder gut zu machen und sich auch im Cloud Computing vorne zu platzieren.

Stand heute muss man konstatieren, dass die großen bekannten IT-Unternehmen wie Amazon, Google, Microsoft, IBM in allen Cloud-Segmenten – also Infrastructure-as-a-Service, Platform-as-a-Service oder Software-as-a-Service in den entsprechenden Umsatz-Ranglisten die vorderen Plätze unter sich ausmachen. Aus China drängt Alibaba mit seiner gleichnamigen Alibaba Cloud immer mehr in den europäischen und auch in den deutschen Markt.

US-Unternehmen haben die Nase vorne

Mit dem Siegeszug der großen IT-Anbieter im Cloud Computing-Markt hat sich fast zwangsläufig die Marktlage ergeben, dass der Markt – analog zum Rest des IT-Marktes – von amerikanischen Unternehmen dominiert wird. Auf die Konsequenzen dieser Marktentwicklung für die Themen Datenschutz und Datensicherheit werde ich an anderer Stelle noch genauer eingehen. Unabhängig von diesen Aspekten muss davon ausgegangen werden, dass sich an dieser Situation auch zukünftig wenig ändern wird.

Mit der im Oktober 2019 angekündigten Europa-Cloud GAIA-X wird nun von staatlicher Seite versucht, diese Entwicklung zu korrigiere und „verlorenen Boden" wieder aufzuholen.

GAIA-X: Europa-Cloud: Europas Chance, verlorenen Boden wieder aufzuholen(?)

Ziel von GAIA-X ist es, der deutschen und später dann auch der europäischen Industrie eine Datenplattform bieten, die nach hiesigen Sicherheitsstandards funktioniert und somit "unter vertrauenswürdigen Bedingungen", wie dies Bundesforschungsministerin Anja Karliczek (CDU) bei der Präsentation der Pläne für die nationale KI-Strategie der Bundesregierung formulierte. Grundlage dafür ist die Initiative International Data Space (IDS) von Bund, Fraunhofer-Gesellschaft und Wirtschaft, an der sich mittlerweile knapp 100 Unternehmen und Forschungseinrichtungen aus 17 Ländern beteiligen.

Bundeswirtschaftsminister Peter Altmaier erklärte bereits im Frühsommer 2019 im Interview mit dem Handelsblatt: "Die europäische Wirtschaft benötigt dringend verlässliche Datensouveränität und breite Datenverfügbarkeit. Das ist eine ganz konkrete Frage der Wettbewerbsfähigkeit."

Unterstützung erhielt der Wirtschaftsminister von seinem Kollegen Bundesinnenminister Horst Seehofer. Dieser erklärte in einem Interview mit dem Handelsblatt: "Wir können nur mit solchen Anbietern zusammenarbeiten, die unsere Sicherheitsvorgaben einhalten und damit unsere digitale Souveränität gewährleisten. Bei der Nutzung von US-basierten Cloud-Diensten gilt der CLOUD Act, der den US-Behörden weitreichende Zugriffe auf die Daten von US-Cloud-Providern geben kann, auch wenn sie nicht in den USA gespeichert sind. Das Bundesinnenministerium erläutert weiter: "Um Zugriffe einzuschränken, bedarf es einer zwischenstaatlichen Vereinbarung" – diese gebe es "aktuell weder mit den USA noch mit anderen Staaten wie China oder Russland".

Auch die deutsche Wirtschaft reagierte zuerst einmal positiv auf die Pläne aus der Politik: "Für die Industrie ist die Sicherung ihrer Technologieführerschaft und damit digitale Datensouveränität unabdingbar", sagte beispielsweise Reinhold von Eben-Worlée, Präsident des Familienunternehmer-Verbands. Und Thilo Brodtmann, Hauptgeschäftsführer des Verbands Deutscher Maschinen- und Anlagenbauer (VDMA), erklärte: "Eine Europa-Cloud, die den Unternehmen Datenschutz, Datensicherheit und den Schutz ihres Know-hows gewährleistet, könnte eine Lösung sein."

Und auch außerhalb Deutschlands blickt man gespannt auf die GAIA-X-Pläne. Laut Angaben aus deutschen Regierungskreisen verfolgt die EU-Kommission Gaia-X sehr interessiert. Langfristiges Ziel sei in der Tat eine europäische Einrichtung, Deutschland müsse aber vorangehen, damit angesichts der Dominanz der internationalen Konkurrenz keine Zeit verloren gehe.

Bis es soweit ist, wird es aber noch ein wenig dauern. Als nächstes sollen nun Partner aus ganz Europa ins Boot geholt werden. Im ersten Halbjahr 2020 soll eine Organisation gegründet werden, Ende 2020 soll es erste Anwendungen geben.

Bei der Termintreue, die Deutschland in den letzten Jahren bei Großprojekten (Berliner Flughafen, Stuttgart 21) an den Tag gelegt hat, darf man mehr als gespannt sein, ob diese Termine dann auch letztendlich Bestand haben werden.

Darüber hinaus stellt sich natürlich die Frage, wie die amerikanischen Cloud-„Platzhirschen" auf die neue Konkurrenz „Made in Germany" reagieren werden. Das einzige Unternehmen aus dieser Gruppe, das unmittelbar auf die GAIA-X-Ankündigung auf dem Digitalgipfel in Dortmund reagierte, war die Firma Microsoft in Person von Sabine Bendiek, Vorsitzende der Geschäftsführung von Microsoft Deutschland. Die deutsche Microsoft-Chefin hält – wenig verwunderlich – wenig von der Initiative, die Frage der digitalen Souveränität über die Cloud-Infrastruktur lösen zu wollen.

Auf einer Microsoft-Veranstaltung in Berlin Ende Oktober 2019 erklärte Frau Bendiek, eine eingezäunte "Staats-Cloud" werde keine Innovationen bringen und nur wenige Nutzer finden. Sie verwies dabei auf die Erfahrungen ihres eigenen Unternehmens beim Aufbau einer eigenen deutschen Microsoft Cloud.

Im Herbst 2015 war Microsoft CEO Satya Nadella extra nach Berlin gereist, um anzukündigen, dass Microsoft seine Dienste Azure, Office 365 und Dynamics CRM Online künftig auch aus Rechenzentren in Magdeburg und Frankfurt am Main anbieten werde. Er erklärte damals: „Wir wollen jeden Menschen und jede Organisation auf der Welt dazu befähigen, mehr zu erreichen. Die neuen Cloud-Dienste treiben lokale Innovationen und Wachstum voran und bieten Kunden mehr Flexibilität und Wahlmöglichkeiten. Kunden können weiterhin unsere öffentlichen, privaten und hybriden Cloud-Lösungen nutzen oder sich dafür entscheiden, unsere Services aus deutschen Rechenzentren zu beziehen und den Zugang zu ihren Daten durch einen deutschen Datentreuhänder kontrollieren zu lassen."

Das Datentreuhandmodell sah vor, dass die Firma T-Systems International als Datentreuhänder den Zugang zu den Kundendaten kontrolliert: Ohne Zustimmung des Datentreuhänders oder des Kunden erhielt Microsoft keinen Zugriff. Wird diese Zustimmung durch den Datentreuhänder erteilt, greift Microsoft nur unter dessen Aufsicht zeitlich begrenzt auf die Kundendaten zu. "Die Microsoft Cloud Deutschland ist unsere Antwort auf die wachsende Nachfrage nach Microsoft Cloud-Diensten in Deutschland und

Europa. Azure Deutschland unterstützt unsere Kunden dabei, zukunftsfähige Lösungen zu entwickeln und gleichzeitig ihre Compliance-Richtlinien einzuhalten", erklärte Sabine Bendiek bei der Vorstellung der Microsoft Cloud Deutschland im September 2016.

„Mit dieser einzigartigen neuen Lösung positioniert sich Microsoft als Vorreiter im deutschen und europäischen Cloud-Markt. Kunden, die die lokale Kontrolle ihrer Daten mit den Cloud-Services von Microsoft kombinieren wollen, haben eine neue Option, die schnell vom Markt angenommen werden wird", erklärte damals Timotheus Höttges, Vorstandsvorsitzender der Deutschen Telekom.

Zielkunden für das neue lokale Angebot von Azure, Office 365 und Dynamics CRM Online waren damals insbesondere Organisationen und Unternehmen in datensensiblen Bereichen wie dem öffentlichen, dem Finanz- oder dem Gesundheitssektor. „Das neue Angebot von Microsoft zahlt genau auf die Bedürfnisse deutscher Unternehmen ein, die besonders strikten datenschutzrechtlichen Anforderungen unterliegen. Es ermöglicht uns und unseren Kunden, zukünftig noch umfassender über Cloud-Anwendungen zu skalieren und neue Geschäftsmodelle erfolgreich umzusetzen", erklärte beispielsweise Dr. Arthur Kaindl, General Manager Digital Health Services bei Siemens Healthcare. Der Datenaustausch zwischen den zwei Rechenzentren findet über ein privates, vom Internet getrenntes Netzwerk statt, womit der Verbleib der Daten in Deutschland gesichert ist. Um den Geschäftsbetrieb und die Wiederherstellung von Daten auch in Katastrophenfällen zu gewährleisten, findet ein kontinuierlicher Datenabgleich zwischen den beiden geographisch getrennten Rechenzentren statt. Für Kunden ist jederzeit transparent, wie und wo ihre Daten verarbeitet werden.

Knapp drei Jahre später, Ende August 2018, kündigte Microsoft dann an, die Microsoft Cloud Deutschland zum Ende des Jahres 2018 einzustellen. Das offizielle Statement zum Ende der deutschen Microsoft-Cloud liest sich etwas verklausuliert: „2015 haben wir die Microsoft Cloud Deutschland angekündigt, um Kunden mit besonders strengen

Compliance-Richtlinien oder Regulierungsvorgaben den Einstieg in die Cloud zu erleichtern. Bei der Microsoft Cloud Deutschland werden die Kundendaten über ein von unserer globalen Infrastruktur getrenntes Netzwerk in Deutschland gespeichert. Zusätzlich kontrolliert ein deutscher Datentreuhänder den Zugang zu diesen Daten. In den letzten drei Jahren haben sich die Kundenanforderungen verändert. Unsere Kunden wünschen sich umfassendere Funktionalitäten und die Konnektivität mit unserer globalen Cloud-Infrastruktur, die die souveräne Microsoft Cloud Deutschland mit ihrer besonderen Isolierung nicht ermöglicht. Aufgrund dieser veränderten Kundenanforderungen werden die neuen Cloud-Regionen nun den Schwerpunkt unserer Cloud-Strategie in Deutschland bilden. Das Cloud-Angebot in diesen Regionen wird mit dem weltweiten Microsoft-Cloud-Angebot übereinstimmen. Mit diesem neuen Schwerpunkt werden wir die Microsoft Cloud Deutschland nicht mehr für Neukunden zur Verfügung stellen und keine neuen Dienste mehr bereitstellen. Bestandskunden können nach wie vor die derzeit verfügbaren Cloud-Dienste der Microsoft Cloud Deutschland in Anspruch nehmen. Für diese Dienste werden wir auch künftig die erforderlichen Sicherheits-Updates ausliefern."

Etwas deutlicher war da schon das Handelsblatt in einem Beitrag im März 2018 geworden. Es sprach schlicht und ergreifend von einem „Flop". Die Nachfrage sei wohl einfach zu gering, da das Angebot aus der deutschen Cloud zu teuer und zu limitiert sei. Ähnliches berichtete Frank Roth, Vorstand der AppSphere AG, den ich im Rahmen eines Interviews für den Cloud Computing Report-Podcast zu diesem Thema befragte. Er erklärte: „Als ich hörte, dass Microsoft Cloud Deutschland mit dem Treuhändermodell auf Grund natürlich des Service Provider-Aufschlags der T-Systems, wenn ich mich recht erinnere, um 25 bis 30 Prozent teurer sein soll als das internationale Standardangebot, das Rechenzentrum mit seinen Services in sich gekapselt ist, um dieser Datensicherheit auch gerecht zu werden, d.h. keine Kommunikation zu anderen Clouds, war das eigentlich das Todesurteil für jeden international agierenden Mittelständler in Deutschland. Darüber hinaus hinkte auch die Fortschreibung der Services hinter dem internationalen Angebot hinterher. Zum Beispiel gab es in der deutschen Cloud kein Yammer. Man war in vielen Sachen Tage oder sogar Wochen hinterher. Als ich das alles hörte, dachte ich damals schon: Das wird nix." Er sollte rechtbehalten.

Im Sommer 2019 kündigte Microsoft dann an, zwei neue Rechenzentren – allerdings ohne Treuhändermodell mit T-Systems – zu eröffnen. Das Unternehmen begründete die Neueröffnung unter anderem damit, die Umsetzung der DSGVO für deutsche Kunden zu erleichtern. Der Medien- und Internetrechtsexperte Rechtsanwalt Christian Solmecke hat dazu seine eigene Meinung. In einem Interview für den Cloud Computing Report-Podcast erklärt er zu diesem Thema: „Also ob die Umsetzung der DSGVO damit erleichtert wird, wage ich zu bezweifeln."

Doch zurück zu GAIA-X. Frau Bendiek weiß also ganz genau, dass es mit einer „German Cloud" allein nicht getan ist, um Unternehmen für einen Cloud Service „Made in Germany" zu begeistern. Es geht vielmehr um Funktonalität, Flexibilität, Agilität und am Ende natürlich wie immer um die Kosten.

Inwieweit es GAIA-X gelingen wird, in diesen Bereichen den bereits bestehenden Cloud-Angeboten von amerikanischen Cloud Service Providern das Wasser zu reichen, bleibt abzuwarten. Und Frau Bendiek hat natürlich Recht, wenn sie auf aktuelle Beispiele deutsch/internationaler Cloud-Zusammenarbeit verweist. Volkswagen nutzt für das Management seines Autos der Zukunft die Microsoft Cloud. Die Bundeswehr entwickelt ihre "hochsicheren Dienst-Handys" in Partnerschaft mit Samsung, Porsche arbeitet bei der Entwicklung von Flugtaxis mit Boeing zusammen.

Auf der anderen Seite scheint die Motivation für GAIA-X sehr groß zu sein. Dies bestätigte mir Andreas Weiss, Direktor EuroCloud Deutschland in einem Gespräch für den Cloud Computing Report-Podcast. Wir unterhielten uns über die Ziele und technologischen Grundlagen von GAIA-X. Interessant war seine Einschätzung auf die Frage, ob es mit den großen internationalen Cloud-Anbietern um Kooperation, Koexistenz oder Wettbewerb geht. Er erklärte: „Zur Frage Kooperation, Wettbewerb, Koexistenz: Wir sind Fürsprecher, dass es ein offenes und transparentes System sein muss. Das impliziert, dass auch die Hyperscaler Teil einer GAIA-X-konformen Leistungskette sein können und sollten. Ich glaube, kein Unternehmen kann es sich derzeit leisten, auf diese Dienste und Service-Angebote zu verzichten." Ich bin gespannt, wie dies in der Praxis umgesetzt werden wird.

Konsolidierung in vielen Bereichen: Markteintritt immer schwieriger

Stellt sich also zum Abschluss die Frage, inwieweit es heute für Unternehmen noch Sinn macht, in den Cloud Computing-Markt einzusteigen. Für Unternehmen, die heute bereits in der IT-Branche tätig sind, stellt sich diese Frage nicht wirklich. Von ihnen erwartet der Kunde heute, dass sie ihre Lösungen – Infrastruktur, Software – zumindest optional auch aus der Wolke anbieten. Mit dem bereits an anderer Stelle erwähnten Generationswechsel auf Entscheiderebene in den Anwenderunternehmen wird sich diese Entwicklung weiter beschleunigen. In vielen Software-Bereichen wie z. B. CRM, Projektmanagement oder E-Commerce kann bereits von einer Wachablösung gesprochen werden. In diesen Bereichen lautet die Devise schon heute „cloud first".

Und wie sieht es mit einer Firmengründung oder einem Startup-Unternehmen aus? Macht es heute noch Sinn, sich mit einem Cloud-Unternehmen selbständig zu machen? Zumindest aus meiner Marktbeobachtung heraus kann ich diese Frage bejahen. So erhalten wir für die Initiative Cloud Services Made in Germany, einen Zusammenschluss in Deutschland ansässiger Cloud Service Provider auch heute noch regelmäßig Beitrittsgesuche von Startup-Unternehmen, die sich neu im deutschen Cloud Computing-Markt etablieren möchten. Darüber hinaus erhalten wir ebenfalls in regelmäßigen Abständen Meldungen von Startup-Unternehmen aus dem Cloud Computing-Umfeld, dass es ihnen gelungen ist, Investoren von ihrer Geschäftsidee zu überzeugen und Finanzierungsrunden erfolgreich abzuschließen.

Bei all diesen positiven Signalen aus dem Markt bleibt natürlich am Ende dennoch die Frage, ob es zukünftig einen Herausforderer aus Deutschland für Amazon Web Services, Microsoft, Google, Salesforce.com oder Alibaba Cloud geben wird. Wenn ich ehrlich sein soll, habe ich diesbezüglich große Zweifel.

Was deutschen Cloud Service Providern bleibt, ist meiner Meinung die Rolle eines „Local Heroes" auf dem deutschsprachigen Markt. In vielen Marktsegmenten, gerade im IaaS-Bereich ist derzeit bereits eine deutliche Marktkonsolidierung mit zahlreichen Übernahmen und Zusammenschlüssen feststellbar. Diese Konsolidierung wird sich weiter fortsetzen. Für Neueinsteiger wird es damit nicht leichter werden, sich in diesem Marktumfeld zu etablieren. Und ob der Local Hero-Status im deutschsprachigen Markt dann ausreicht, um auch betriebswirtschaftlich erfolgreich zu sein, hängt vom Geschäftsmodell (Preise, Margen, Marktanteil) des einzelnen Anbieters ab.

Cloud = Tod des traditionellen IT-Channels – Nicht unbedingt

Zu Beginn des ASP- und später dann des Cloud Computing-Marktes gingen viele Marktbeobachter davon aus, dass der Siegeszug der Cloud automatisch den Niedergang des traditionellen IT-Channels – also Distribution und Reseller/Systemhäuser – bedeuten würde. Wenn die Software – oder allgemein die IT – zukünftig aus der Steckdose kommt, braucht es ja niemanden, der diese IT installiert, wartet und gegebenenfalls erneuert. Für alle diese Aufgaben ist ja zukünftig der Betreiber des Cloud Services verantwortlich.

Darüber hinaus erschienen die beiden Geschäftsmodelle als nicht kompatibel. Während ein Cloud Service Provider von den monatlichen Zahlungen eines Pay-per-Use-Modells lebt, bezog der klassische IT-Reseller seine Umsätze bisher traditionell aus Provisionen für den Verkauf und die Inbetriebnahme von Hard- und Software sowie aus dem

Abschluss von Service-Verträgen für den Betrieb und die Wartung der installierten IT-Systeme. Gerade letztere Zahlungen sorgten lange Zeit für reichlich sprudelnde Umsatzquellen.

Mittlerweile ist klar: Diese Prognose war falsch. Es zeigt sich deutlich, dass der klassische IT-Channel auch in der Cloud-Welt seine Berechtigung hat. Dies unterstreichen beispielsweise auch die Ergebnisse des Cloud Computing Marktbarometers Deutschland. Im Vergleich zu den Vorjahren ist der Anteil der Cloud-Unternehmen, die ihre Lösungen auch oder gänzlich über Vertriebspartner anbieten, weiter gestiegen. Es scheinen also heute Geschäftsmodelle zu existieren, die es ermöglichen, dass im Cloud Computing-Modell auch die Vertriebspartner am Geschäftserfolg beteiligt werden können.

Dies beweist beispielsweise die Firma Hornetsecurity, ein Cloud Security-Anbieter aus Hannover, der seine Cloud Services ausschließlich über Partner vertreibt. Oliver Dehning, Co-Founder und CFO von Hornetsecurity, bestätigte mir bereits mehrfach, dass er auch als Cloud Service Provider auch heute noch an der klassischen Aufgabenverteilung von Hersteller und Vertriebspartner Gefallen findet, und dieses Modell seit Gründung des Unternehmens präferiert.

Auch die bekannten Cloud Service Provider wie Microsoft, Google oder SAP verfügen heute über ein weltweites Cloud-Vertriebspartner-Netzwerk.

Ein weiteres Beispiel ist die Firma acmeo, die sich von Anfang an als Cloud Distributor am Markt positioniert hat. Wie mir acmeo Gründer und Geschäftsführer Henning Meyer im Interview für den Cloud Computing Report Podcast bestätigte, war dies am Anfang gar nicht so einfach. Heute hat sich dieser Aufwand allerdings gelohnt. Allerdings warnt Herr Meyer im Gespräch von der „Cloud-Kistenschieberei", wie er es nennt. Sich ausschließlich auf den Vertrieb von Cloud-Standardlösungen wie z. B. Microsoft Office 365 zu fokussieren, ist mittlerweile nicht mehr erfolgsversprechend. Dagegen ginge es heute darum, dem Kunden den Betrieb kompletter Cloud-Infrastrukturen einschließlich der entsprechenden Anwendungen, aber auch Sicherheitsfunktionen (Backup, Virenschutz, etc.) anzubieten. Damit ließe sich dann auch eine viel höhere Marge generieren. In das-selbe Horn stößt der Systemhausspezialist Olaf Kaiser, den ich ebenfalls für den Cloud Computing Report Podcast interviewen konnte. Herr Kaiser ist ein langjähriger Kenner der IT-Systemhaus-Landschaft in Deutschland, war mehrere Jahre Geschäftsführer der größten deutschen Systemhauskooperation und ist heute als Coach und Unternehmens-berater in diesem Umfeld tätig.

Im Interview geht er sogar noch einen Schritt weiter und stellt die Behauptung auf: „Der Managed Service Provider-Zug ist weg!" Stattdessen rät auch er den IT-Systemhäusern – laut seiner Einschätzung gibt davon in Deutschland sieben bis zehntausend Unterneh-men – sich auf neue Service- und Support-Modelle zu konzentrieren.

Doch wie so häufig im Markt gibt es auch in diesem Bereich gegenläufige Tendenzen und Prognosen. So befragte die Firma techconsult im April 2019 im Auftrag von Avast 150 deutsche Systemhäuser zu ihren Geschäftsmodellen. Befragt wurden ausschließlich klei-nere Reseller – mit maximal 75 Mitarbeitern – über die ich mich ja auch im Gespräch mit Herrn Kaiser unterhielt. Das Kernergebnis der Untersuchung lautet: "Deutsche Sys-temhäuser betrachten sich noch nicht als Managed Service Provider (MSP). Fast zwei Drittel der befragten Systemhäuser betreiben noch hauptsächlich reines transaktionales Geschäft, das heißt, Projekte und Aufträge werden nur auf Kundenwunsch angenom-men ("Feuerwehr-IT") und kaum Services kontinuierlich erbracht.

Das liegt laut techconsult unter anderem an fehlenden Kapazitäten oder mangelnder Kompetenz und Erfahrung der Systemhäuser beim Leisten von Managed Services. Be-rücksichtigt werden muss dabei allerdings, dass bei dieser Umfrage Managed Security Services im Vordergrund standen.

Allerdings zeigt auch diese Umfrage einen Trend zum Umdenken. Nur eine Minderheit (elf Prozent) will sich weiterhin auf das klassische Systemhausgeschäft konzentrieren. Möglicher Grund dafür: Dieses Geschäft brummt nach wie vor, doch in ein bis zwei

Jahren könnte diese Kundennachfrage austrocknen - einerseits durch die sich abküh-
lende Konjunktur, andererseits durch eine neue Managergeneration bei den Kunden,
die von den Vorteilen der Managed Services überzeugt ist.

Kapitel 3: Cloud Computing: Definition, Betriebsmodelle und Fachbegriffe

Bevor ich im nächsten Kapitel auf einige Besonderheiten des deutschen Cloud Computing-Marktes eingehen werde, möchte ich Ihnen kurz die wichtigsten Begriffe nahebringen, auf die Sie, wenn Sie sich mit dem Thema Cloud Computing beschäftigen, immer wieder stoßen werden. Ich werde mich dabei betont kurzfassen, denn ich weiß, dass es im Internet unzählige Definitionen der einzelnen Fachbegriffe gibt. Mir geht es deshalb auch insbesondere darum, Ihnen die Definitionen und Fachbegriffe kurz zusammenzufassen, die sich in der Fachwelt mittlerweile etabliert haben, da sie herstellerunabhängig formuliert wurden.

Cloud Computing-Definition nach NIST

Die Standarddefinition von Cloud Computing, die in Fachkreisen in der Regel herangezogen wird, ist die Definition der US-amerikanischen Standardisierungsstelle NIST (National Institute of Standards and Technology). Sie wird auch von der ENISA (European Network and Information Security Agency) genutzt:

"Cloud Computing ist ein Modell, das es erlaubt bei Bedarf, jederzeit und überall bequem über ein Netz auf einen geteilten Pool von konfigurierbaren Rechnerressourcen (z. B. Netze, Server, Speichersysteme, Anwendungen und Dienste) zuzugreifen, die schnell und mit minimalem Managementaufwand oder geringer Serviceprovider-Interaktion zur Verfügung gestellt werden können."

Es sind also die folgenden fünf Eigenschaften, die gemäß der NIST-Definition einen Cloud Service charakterisieren:

1. **On-demand Self Service:** Die Provisionierung der Ressourcen (z. B. Rechenleistung, Speicher, Anwendungen) läuft in der Regel automatisch ohne Interaktion mit dem Service Provider ab.

2. **Broad Network Access:** Die Services sind mit Standard-Mechanismen (gängiger Internet-Browser) über das Netz verfügbar und nicht an einen bestimmten Client gebunden.

3. **Resource Pooling:** Die Ressourcen des Anbieters liegen in einem Pool vor, aus dem sich viele Anwender bedienen können (Multi-Tenant Modell). Dabei wissen die Anwender nicht, wo die Ressourcen sich befinden, sie können aber vertraglich den Speicherort, also z. B. Region, Land oder Rechenzentrum, festlegen. Gerade mit dieser Frage werden wir uns an anderer Stelle noch intensiver beschäftigen.

4. **Rapid Elasticity:** Die Services können schnell und elastisch zur Verfügung gestellt werden, in manchen Fällen auch automatisch. Aus Anwendersicht scheinen die Ressourcen daher unendlich zu sein. In diesem Kriterium unterscheidet sich das moderne Cloud Computing von den Angeboten des ASP-Hypes. Damals war es zum Teil aus technischen Gründen (Bandbreite, Virtualisierung, etc.) mit der Elastizität nicht weit her. Aus diesem Grund waren viele ASPs der ersten Stunde quasi dazu gezwungen, auf ein Single-Tenant-Modell umzusteigen. Jedem Kunden wurde eine eigene Instanz der angebotenen ASP-Lösung zur Verfügung gestellt. Mit Cloud Computing, wie wir es heute verstehen – und wie die NIST-Definition es beschreibt, hatte dies dann nichts mehr zu tun.

5. **Measured Services:** Die Ressourcennutzung kann gemessen und überwacht werden und entsprechend bemessen auch den Cloud-Anwendern zur

Verfügung gestellt werden. Dieses Kriterium ergibt sich fast zwangsläufig aus dem vorherigen Kriterium.

Nach Definition der Cloud Security Alliance (CSA) besitzt Cloud Computing neben der oben erwähnten Elastizität und dem Self Service-Modell noch die folgenden Eigenschaften:

- **Service orientierte Architektur (SOA)** ist eine der Grundvoraussetzungen für Cloud Computing. Die Cloud-Dienste werden in der Regel über ein sogenanntes REST-API angeboten.
- In einer Cloud-Umgebung teilen sich viele Anwender gemeinsame Ressourcen, die deshalb **mandantenfähig** sein muss.
- Es werden nur die Ressourcen bezahlt, die auch tatsächlich in Anspruch genommen wurden **(Pay per Use Model)**, wobei es auch Flatrate-Modelle geben kann.

Cloud Computing-Bereitstellungsmodelle

NIST unterscheidet beim Cloud Computing zwischen vier **Bereitstellungsmodellen (Deployment Models)**:

1. In einer **Private Cloud** wird die Cloud-Infrastruktur nur für eine Institution betrieben. Sie kann von der Institution selbst oder einem Dritten organisiert und geführt werden und kann dabei im Rechenzentrum der eigenen Institution oder einer fremden Institution stehen. Damit ähnelt die Private Cloud in ihrer Ausrichtung auf ein Unternehmen dem ursprünglichen ASP-Modell.

2. Von einer **Public Cloud** wird gesprochen, wenn die Services generell allen Nutzern (Privatanwender/Unternehmen) zur Verfügung gestellt werden. Klassische Public Cloud-Anwendungen sind die Google Apps oder die Anwendungen, die die Firma salesforce.com anbietet.

3. In einer **Community Cloud** wird die Infrastruktur von mehreren Institutionen geteilt, die ähnliche Interessen haben. Eine solche Cloud kann von einer dieser Institutionen oder einem Dritten betrieben werden. Derartige Cloud-Infrastrukturen werden heute in der Regel im Umfeld von Universitäten (Campus Cloud), Forschungseinrichtungen, aber auch Einrichtungen der öffentlichen Hand eingesetzt.

4. Werden schließlich mehrere Cloud Infrastrukturen (Public Cloud, Private Cloud, etc.), die für sich selbst eigenständig sind, über standardisierte Schnittstellen gemeinsam genutzt, wird dafür der Begriff einer **Hybrid Cloud** verwendet.

Ein weiterer, immer häufiger genutzter Begriff, der nicht in der NIST-Definition vorkommt, ist eine **Multi-Cloud**-Umgebung. Diese entsteht dann, wenn ein Unternehmen mehrere verschiedene Cloud-Angebote unterschiedlicher Service Provider in Anspruch nimmt, die NICHT über standardisierte Schnittstellen miteinander verknüpft sind.

Die Verwaltung einer solchen Umgebung aus unterschiedlichen, voneinander unabhängigen „Wolken" stellt an Anwenderunternehmen ganz besondere Herausforderungen. Mittlerweile gibt es aber eine ganze Reihe von Dienstleistern wie z. B. die Firmen Cancom, Datagroup oder PlusServer, die sich dieses Themas angenommen haben und entsprechende Orchestrierungs- und Management-Services anbieten.

Cloud Servicemodell-Kategorien

In Analogie zum klassischen OSI-Schichtenmodell, wurde ein Modell für die unterschiedlichen Servicemodell-Kategorien entwickelt. Grundsätzlich können drei verschiedene Kategorien von Servicemodellen unterschieden werden:

1. **Infrastructure-as-a-Service (IaaS):** Bei IaaS werden IT-Ressourcen wie z. B. Rechenleistung, Datenspeicher oder Netze als Dienst angeboten. Ein Cloud-Kunde kauft diese virtualisierten und in hohem Maß standardisierten Services und baut darauf eigene Services zum internen oder externen Gebrauch auf. So kann ein Cloud-Kunde z. B. Rechenleistung, Arbeitsspeicher und Datenspeicher anmieten und darauf ein Betriebssystem mit Anwendungen seiner Wahl laufen lassen.

2. **Platform-as-a-Service (PaaS):** Ein PaaS-Provider stellt eine komplette Infrastruktur bereit und bietet dem Kunden auf der Plattform standardisierte Schnittstellen an, die von Diensten des Kunden genutzt werden. So kann die Plattform z. B. Mandantenfähigkeit, Skalierbarkeit, Zugriffskontrolle, Datenbankzugriffe, etc. als Service zur Verfügung stellen. Der Kunde hat keinen Zugriff auf die darunterliegenden Schichten (Betriebssystem, Hardware), er kann aber auf der Plattform eigene Anwendungen laufen lassen, für deren Entwicklung der CSP in der Regel eigene Werkzeuge anbietet.

3. **Software-as-a-Service (SaaS):** Sämtliche Angebote von Anwendungen, die den Kriterien des Cloud Computing entsprechen, fallen in diese Kategorie. Dem Angebotsspektrum sind hierbei keine Grenzen gesetzt. Als Beispiele seien Kontaktdatenmanagement, Finanzbuchhaltung, Textverarbeitung oder Kollaborationsanwendungen genannt.

Der Begriff "as a Service" wird mittlerweile fast schon inflationär verwendet und noch für eine Vielzahl weiterer Angebote benutzt, wie z. B. für Security-as-a-Service, Backup-as-a-Service, Storage-as-a-Service, so dass häufig auch von "XaaS" geredet wird, also "irgendwas als Dienstleistung". Dabei lassen sich die meisten dieser Angebote zumindest grob einer der obigen Kategorien zuordnen.

Die Servicemodelle unterscheiden sich auch in Bezug auf den Einfluss des Kunden auf die Sicherheit der angebotenen Dienste.

Bei **IaaS** hat der Kunde die volle Kontrolle über das IT-System vom Betriebssystem aufwärts, da alles innerhalb seines Verantwortungsbereichs betrieben wird, bei **PaaS** hat er nur noch Kontrolle über seine Anwendungen, die auf der Plattform laufen, und bei **SaaS** übergibt er praktisch die ganze Kontrolle an den Cloud Service Provider.

Cloud Computing: Abgrenzung zum klassischen IT-Outsourcing

Zum Abschluss dieses zugegebenen kurzen Kapitels zu Definitionen und Betriebsmodellen möchte ich noch kurz auf die Abgrenzung eines Cloud Computing-Angebots zum klassischen IT-Outsourcing eingehen.

Beim Outsourcing werden Arbeits-, Produktions- oder Geschäftsprozesse einer Institution ganz oder teilweise zu externen Dienstleistern ausgelagert. Dies ist ein seit vielen Jahren etablierter Bestandteil heutiger Organisationsstrategien in Unternehmen. Das klassische IT-Outsourcing ist meist so gestaltet, dass die komplette gemietete Infrastruktur exklusiv von einem Kunden genutzt wird (Single Tenant Architektur). Dabei ist es aus Anbietersicht sehr wohl möglich und auch üblich, dass ein IT-Outsourcing-Anbieter normalerweise mehrere Kunden hat. Die Vertragsgestaltung ist beim IT-Outsourcing in der Regel auf mehrere – mindestens fünf, häufig sogar länger – ausgelegt.

Die Nutzung von Cloud Services gleicht zwar in vielen Aspekten dem klassischen IT-Out-sourcing, aber es kommen noch einige Unterschiede hinzu, die zu berücksichtigen sind:

- Aus wirtschaftlichen Gründen teilen sich in einer Cloud mehrere Nutzer eine gemeinsame Infrastruktur (Multi-Tenant)
- Cloud Services sind dynamisch und dadurch innerhalb viel kürzerer Zeiträume nach oben und unten skalierbar. So können Cloud-basierte Angebote rascher an den tatsächlichen Bedarf des Kunden angepasst werden. Auch die Vertrags-gestaltung ist deutlich flexibler. Beispiel Software-as-a-Service. Hier sind mitt-lerweile sogar Kündigungsfristen von einem Monat möglich.
- Die Steuerung der in Anspruch genommenen Cloud-Dienste erfolgt in der Regel mittels einer Webschnittstelle durch den Cloud-Nutzer selbst. So kann der Nut-zer automatisiert die genutzten Dienste auf seine Bedürfnisse zuschneiden.
- Durch die beim Cloud Computing genutzten Techniken ist es möglich, die IT-Leistung dynamisch über mehrere Standorte zu verteilen, die geographisch weit verstreut sein können (Inland ebenso wie Ausland).
- Der Kunde kann die genutzten Dienste und seine Ressourcen einfach über Web-Oberflächen oder passende Schnittstellen administrieren, wobei wenig Interaktion mit dem Provider erforderlich ist.

Kapitel 4: Vor- und Nachteile des Cloud Computing-Modells aus An-wendersicht

In der IT-Branche gehört Cloud Computing bereits seit längerem zu den Hype-Themen. Viele Marktbeobachter gehen sogar davon aus, dass Cloud Computing die Hype-Phase bereits überschritten hat und mittlerweile zur „Commodity"-Technologie geworden ist. Ich möchte an dieser Stelle nochmals Bernd Krakau, den Generalbevollmächtigten Portfolio & Digital bei der Firma DATAGROUP, aus dem Cloud Computing Report Podcast-Interview zitieren: „Die Cloud ist mittlerweile integraler Bestandteil der IT- und Sourcing-Strategien in deutschen Unternehmen." Er erklärt weiter: „Nach unseren Erfahrungen hat sich die Cloud als gleichberechtigtes Bezugsmodell innerhalb der gesamten IT entwickelt. Die dominierende Frage ist nicht mehr, ob, sondern in welchen spezifischen Situationen und wie die Cloud Verwendung findet." Erwähnt werden muss an dieser Stelle allerdings, dass zu den Kunden der DATAGROUP hauptsächlich Unternehmen aus dem gehobenen Mittelstand, Großunternehmen und öffentlicher Verwaltung gehören. Bei dieser Klientel liegt Herr Krakau mit seiner Einschätzung sicher richtig.

Auf der anderen Seite werden Marktbeobachter nicht müde, gerade dem deutschen Mittelstand auch heute noch eine gewisse Cloud Computing-Skepsis zu bescheinigen. Als Gründe werden dabei immer wieder Themen wie Kontrollverlust, Abhängigkeit vom Cloud Computing-Anbieter sowie Datenschutz und Datensicherheit genannt.

Aus diesem Grund möchte ich im Folgenden allgemein auf die Vor- und Nachteile des Cloud Computing-Modells aus Anwendersicht eingehen.

Vorteile des Cloud Computing-Modells aus Anwendersicht

Lassen Sie mich also zu zuerst auf die Aspekte eingehen, die immer wieder als Gründe genannt werden, sich als Anwenderunternehmen für den Einsatz von Cloud Services zu entscheiden.

Kostentransparenz/Flexibilität im Preismodell

Das Thema „Kosten" wurde bereits zu Beginn des ASP-Hypes von den Befürwortern dieses Bezugsmodells sehr aktiv adressiert.

Ich erinnere mich noch gut an ein Bild von der Kuh und dem Glas Milch in einer Präsentation eines der ersten deutschen ASP-Anbieter und der damit verbundenen Aussage: „Ich kaufe doch keine Kuh, wenn ich ein Glas Milch trinken möchte."

Damit sollte zum Ausdruck gebracht werden, dass man eben bei „Software-as-a-Service" nur einen in der Regel niedrigen Betrag pro Benutzer und Monat bezahlt, und damit „die Software aus der Steckdose" erhält, während man bei On-Premise-Installationen vorab in Software-Lizenzen plus benötigte IT-Infrastruktur investieren muss.

Ein weiteres Schlagwort in diesem Zusammenhang lautet „OPEX vs. CAPEX". Bei den monatlichen Mietzahlungen handelt es sich in der Regel um Betriebsausgaben, auf Englisch „Operational Expenditures", während die Ausgaben On-Premise-Lösungen als Investitionsausgaben (Capital Expenditures, CAPEX) behandelt werden müssen, was in der Regel auch steuerliche Folgen hat.

Beschäftigt man sich mit konkreten Zahlen, so könnte ich als gebürtiger Schwabe und in der Rolle als On-Premise-Verfechter zuerst einmal die vereinfachte Rechnung aufstellen:

Ich zahle 1.000 Euro für eine Softwarelizenz. Wenn ich für dieselbe Software als Cloud Service 100 Euro pro Monat bezahle, dann zahle ich ab dem 11. Monat drauf.

Diese Rechnung stimmt so natürlich nicht, denn sie berücksichtigt nur die reinen Software-Kosten. Wenn man schon einen Kostenvergleich anstellen möchte, muss dieser auf Grundlage der so genannten Total Cost of Ownership (TCO), auf Deutsch Gesamtbetriebskosten, erfolgen.

Um nochmals auf das Kuh-Beispiel zurückzukommen, muss ich die Kuh eben nicht nur kaufen, sondern ich benötige auch Futter und einen Stall. Und ab und zu muss auch der Tierarzt vorbeischauen.

Zurück zum Thema Kostenvergleich.

Der erste Kostenblock, der bei einem Kostenvergleich On-Premise vs. Cloud berücksichtigt werden muss, sind die so genannten direkt kalkulierbaren Kosten, die anfallen für

- die für den Betrieb der Lösung erforderliche IT-Infrastruktur
- die IT-Administration (Backup, Updates, Anwenderverwaltung, etc.) dieser Lösung, die intern durch die IT-Abteilung oder extern durch einen externen IT-Dienstleister erfolgen kann
- den IT-Support (Help Desk, Troubleshooting, etc.) für diese Lösung, der ebenfalls intern oder extern erfolgen kann.

Diese Kosten können in der Praxis ziemlich genau berechnet werden, aber

- viele – gerade kleine und mittlere – Unternehmen tun dies nicht,
- viele Unternehmen können dies nicht (meistens, weil die entsprechende IT-Dokumentation fehlt),
- viele Unternehmen „schummeln", getreu dem Motto „die IT-Infrastruktur ist ja sowieso da, deren Nutzung durch eine spezielle Lösung verursacht also keine zusätzlichen Kosten." Dies stimmt natürlich nicht, denn mit jeder neuen Lösung steigen die Anforderungen an Rechnerleistung, Bandbreite, Speicherplatz, u.v.m..

Ich kenne Vergleichsrechnungen, die bei mittelständischen Unternehmen von Kostenvorteilen des Cloud-Betriebs bei Softwareanwendungen von 15 bis 30 Prozent ausgehen. Allerdings handelt es sich bei allen diesen Fällen um rein theoretische Modellberechnungen oder Einzelfallberechnungen.

Und so sollten Sie sich, wenn Sie so eine Vergleichsrechnung erstellen möchten, nicht auf bestehende Kalkulationen verlassen, sondern diese Rechnung konkret für Ihr eigenes Unternehmen und die entsprechende Cloud-Lösung erstellen.

Das Ergebnis – da bin ich mir sicher – hängt immer vom Einzelfall ab.

Allerdings sind Sie mit einem Vergleich der direkten Kosten noch nicht am Ziel. Wenn Sie tatsächlich die Total Cost of Ownership, also die Gesamtkosten, vergleichen möchten, sollten Sie darüber hinaus auch die Indirekten, allerdings kaum kalkulierbaren Kosten berücksichtigen. Zu diesen Kosten gehören beispielsweise:

- die Entlastung der IT-Abteilung. Diese kann sich dann um wichtigere Aufgaben mit höherer Priorität kümmern als z.B. das Einspielen von „Patches" oder Updates für eine Softwarelösung,

- das Wegfallen der so genannten „Selbst- und Freundschaftshilfe" fällt weg. Wenn Sie in der IT-Abteilung eines Unternehmens tätig sind, kennen Sie wahrscheinlich die Bitte verbunden mit einem flehenden Blick: „Kannst du mal schnell schauen ...?".

Gerade in Zeiten des Fachkräftemangels ist dies ein nicht zu unterschätzender Kostenfaktor, wenn IT-Mitarbeiter sich mit Bagatell-Problemen der Anwender „herumschlagen" müssen und damit von ihrer eigentlichen Arbeit abgehalten werden.

Um also eine wirkliche Vergleichsrechnung anstellen zu können, müssen die beiden genannten Kostenblöcke miteinander verglichen werden. Dies ist insbesondere bei Kostenblock 2 gar nicht so einfach.

Bei IT-Lösungen, die über einen längeren Zeitraum genutzt werden, liegen Cloud-Lösungen meiner Erfahrung nach bei einem solchen Kostenvergleich in der Regel vorne.

Lassen Sie mich an dieser Stelle nochmals kurz auf das derzeit gängige Abrechnungsmodell bei Cloud-Lösungen eingehen.

In der Regel werden Cloud-Lösungen heute über ein User-basiertes Preismodell abgerechnet (pro Anwender/pro Monat). Dies macht vor allem bei Anwendungen/IT-Komponenten Sinn, die regelmäßig in einem gleichbleibenden Umfang genutzt werden.

Cloud Anbieter im E-Commerce-Bereich (Online-Shops) waren meines Wissens die ersten Anbieter, die ein transaktionsbasiertes Preismodell angeboten haben. In diesem Fall berechnen sich die Kosten für die Nutzung der Online-Shop-Lösung als Anteil der über den Shop getätigten Transaktionen (Käufe).

Damit ist dieses Modell eigentlich das für beide Seiten fairste Abrechnungsmodell, denn es bietet die folgenden Vorteile

- Hohe Kostenflexibilität
- Klare Prognose über Kostenentwicklung in Abhängigkeit vom tatsächlichen Transaktionsvolumen
- IT-Nutzung als kalkulierbarer Kostenbestandteil eines Geschäftsprozesses
- Höchstmögliche Kostentransparenz sowohl für die IT- als auch für die Fachabteilung

Im Zuge der Digitalisierung von Geschäfts-, aber auch internen Prozessen kann der Weg nur in Richtung transaktionsbasiertes Modell gehen.

Am Ende des Tages weiß dann nämlich jeder – Geschäftsleitung, CIO, Fachabteilungsleiter, wer was wo und wann für welchen Service ausgegeben hat.

Von Anwenderseite höre ich dabei immer wieder die folgende Frage: "Warum ein Trans-aktions-basiertes Preismodell? Lauern da nicht versteckte Kosten, die beliebig erhöht bzw. umstrukturiert werden können? Wie habe ich da Kostensicherheit?"

Was die „versteckten Kosten" betrifft, so können diese beim transaktionsbasierten Preismodell eigentlich nirgends versteckt werden. Der Anbieter kann lediglich die den Prozentsatz für den Anteil, den er am Transaktionsvolumen berechnet, erhöhen. Dies ist allerdings alles andere als „versteckt", sondern einfach eine Preiserhöhung.

Doch diese Möglichkeit besteht auch beim traditionellen On-Premise-Geschäft, wenn

- Software-Lizenzen auf einmal teurer werden,
- für Updates auf einmal bezahlt werden muss,
- die Konditionen in Service- und Support-Verträgen auf einmal „angepasst" werden

Die Lösung kann dann nur ein aktiver Austausch mit dem Service Provider vor und während der Zusammenarbeit sein.

Die Cloud kann teuer werden

"Viele Unternehmen sind entsetzt, wenn sie ihre ersten Cloud-Rechnungen bekommen, da diese weit höher sind als veranschlagt", erklärte Markus Biesinger, Systems Engineer beim Cloud-Integrator Nutanix, laut einer Meldung auf heise.de bereits 2018 auf dem Gartner IT Infrastructure & Operations Management Summit in Frankfurt. Viele seiner Kunden würden inzwischen mit spitzem Bleistift nachrechnen, ob sich Cloud-Computing wirklich bei allen Anwendungen lohnt. "Die Ergebnisse dieser Analysen fallen immer häufiger zugunsten einer On-Premises-Lösung aus", so Biesinger.

Beim Lesen dieser Meldung fühlte ich mich an ähnliche Meldungen aus Zeiten des ersten Internet- und E-Commerce-Booms erinnert. Kinder und Jugendliche hatten damals die bunte, neue Online-Shopping-Welt entdeckt und – meist mit Hilfe der Kreditkarten ihrer Eltern – bis zum Limit (im wahrsten Sinne des Wortes) ausgenutzt.

Ähnliches geschieht wohl derzeit im Cloud Computing-Bereich. So sieht Milind Govekar, Vice President und Reasearch Director bei Gartner, laut heise.de die Gründe der Kostenexplosion bei vielen Unternehmen darin, dass "die Flexibilität der Cloud-Nutzung zu einem Overkill bei der Nutzung führt – etwa so, wie man an einem Buffet auch immer mehr isst, als wenn man alles einzeln bestellen muss." Auch eine nette Analogie!!

Zumindest teilweise Entwarnung gibt Gartner-Experte Philip Dawson. Er sieht in der Cloud Kostenexplosion ein temporäres Problem, das man mit "modernen Tools in den Griff bekommen kann, denn Cloud-Computing bietet auch dann viele Vorteile, wenn es nicht unbedingt billiger ist." Getreu dem Motto: Vertrauen ist gut, Kontrolle ist besser!

Weniger Aufwand für den IT-Betrieb

„Ich kaufe doch keine Kuh, wenn ich ein Glas Milch trinken möchte." – Dieses zugegeben sehr vereinfachende Bild hatte ich bereits zu Beginn dieses Kapitels beim Thema Kosten genannt, doch es passt auch beim Thema Aufwand. Die meisten deutschen Unternehmen haben in den vergangenen Jahren eine – diplomatisch formuliert – sehr heterogene IT-Landschaft aufgebaut. Kritischere Zeitgenossen sprechen von einem „IT-Wirrwarr" oder „IT-Dschungel", der kaum mehr zu bändigen bzw. zu durchdringen ist. Betrieb, Management und Wartung dieser IT-Landschaft verlangen der in der Regel stets unterbesetzten IT-Abteilung alles ab, um sie zumindest am Laufen zu halten. Denn es gilt heute in den meisten Unternehmen die einfache Formel: Steht die IT, steht das Unternehmen. Und als ob dies allein nicht schon genug wäre, führt die zunehmende Digitalisierung in allen Bereichen dazu, dass kontinuierlich neue Herausforderungen an die IT-Abteilung herangetragen werden. Einkauf, Produktion, Vertrieb, Marketing, Logistik – es gibt mittlerweile keinen Unternehmensprozess mehr, bei dem die zugrunde liegende Informationstechnologie nicht eine zentrale Rolle spielt – und die dafür verantwortliche IT-

Mannschaft in den Fokus des Unternehmensinteresses rückt. Die Zeiten, in denen die IT irgendwo im Keller an irgendwelchen Geräten herumschraubte, sind in den meisten Unternehmen ein für alle Mal vorbei. Stattdessen geht es heute darum, gemeinsam mit Geschäftsleitung und Fachabteilungen digitale Projekte und Initiativen voranzutreiben, um im Wettbewerb bestehen zu bleiben.

Für das Einspielen von Sicherheits-Patches oder das Aktualisieren der ERP-Software bleibt – so wichtig diese Aufgaben auch sind – in der Regel keine Zeit mehr. Und deshalb gehen auch immer mehr Unternehmen dazu über, zumindest Teile ihrer IT an einen externen Dienstleister auszulagern, um den eigenen Aufwand zu reduzieren.

Das Angebot an entsprechenden Cloud Services reicht mittlerweile von Private Clouds (Definition siehe Kapitel 2) über Managed Services für einzelne IT-Prozesse (Backup, Help Desk, IT-Betrieb, etc.) bis hin zur Nutzung von cloudbasierten Software-Anwendungen, die „as-a-Service" genutzt werden können.

Und falls Sie zur Gruppe der Freiberufler und Selbständigen oder der Kleinstunternehmen gehören, spielt dieses Thema für Sie eine genauso wichtige Rolle. Denn in diesem Fall haben Sie zwar keine IT-Abteilung und wahrscheinlich auch keinen IT-Dschungel, sind aber dennoch für den IT-Betrieb Ihres Unternehmens verantwortlich. Und auch dann macht es für Sie Sinn, sich mit dem Thema Cloud Computing auseinanderzusetzen, um den eigenen IT-Aufwand zu minimieren. Denn in der Regel gehören auch bei Ihnen das Aktualisieren des Virenscanners oder das Aktualisieren der Finanzbuchhaltungssoftware nicht zu Ihren Kernkompetenzen und -aufgaben. Vom Zeitaufwand ganz zu schweigen.

Lassen Sie mich dies kurz an einem Beispiel aus meiner eigenen Praxis als Unternehmer und IT-Verantwortlicher erläutern. Wir nutzen bei GROHMANN BUSINESS CONSULTING seit mehr als zwei Jahren für Faktura, Finanzbuchhaltung und Lohnabrechnung die Software der Firma DATEV, die zumindest vom Namen her den meisten von Ihnen bekannt sein sollte. Grund für den Umstieg war die Tatsache, dass die Software, die wir vorher nutzten, nicht im Software-as-a-Service-Modell verfügbar war. Und so erhielten wir jeden Monat ein Software-Update, das ich als IT-Verantwortlicher meines eigenen Unternehmens selbst einspielen musste. Am Ende dauerten allein das Herunterladen und Installieren der Updates fast eine halbe Stunde, verbunden mit dem Stoßgebet, dass die Software nach dem Update auch wieder reibungslos lief. Immerhin verwalteten wir damit ja unser wichtigstes Gut, unsere betriebswirtschaftlichen Daten (Kundendaten, Angebote, Rechnungen, Buchhaltung, Jahresabschlüsse, betriebswirtschaftliche Auswertungen, etc.). Immer wieder kam es vor, dass das Update nicht klappte: Die Gründe lagen teilweise beim Anbieter (Fehler im Update), teilweise bei mir (Bedienfehler). Die Folge war stets dieselbe: Anruf beim technischen Support, Hin- und Hergeschiebe von Fehlermeldungen, Screenshots, Log-Dateien und neuen Versionen des Updates. In der Regel tagelang kein Rechnungsversand und kein Buchen.

Als wir dann auf DATEV umstiegen, gab es eine gute und eine schlechte Nachricht. Die gute Nachricht: Die DATEV-Software wurde nur zweimal im Jahr aktualisiert. Die schlechte Nachricht: Allein das Einspielen dauerte mehrere Stunden und bereits nach dem zweiten Update war klar, dass unser Buchhaltungsrechner diese Prozedur nicht mehr lange mitmachen würde. Ging ein Update schief, was leider auch bei der DATEV passierte, war ich als interner IT-Verantwortlicher komplett verloren und auf den DATEV-Support angewiesen. Dass dieser sehr professionell ist, linderte meine Sorgen nur geringfügig, denn auf Grund der großen Anwenderzahl in Deutschland dauerte es halt immer ein bisschen, bis auch mir geholfen werden konnte.

Ende 2018 bot die DATEV auch für die von uns genutzte Softwarelösung eine entsprechende Cloud-Lösung an, die wir dann auch Anfang 2019 übernahmen. Seit dieser Migration erhalte ich zwar auch noch regelmäßig Update-Informationen, der Hinweis am Ende der Nachricht „Wenn Sie DATEV-SmartIT [so heißt das Cloud-Angebot von DATEV] nutzen, übernimmt DATEV die Installation für Sie" zaubert mir dann stets ein Lächeln der Erleichterung aufs Gesicht. Denn in der Regel bekommen das die DATEV-Techniker problemlos hin. Das Einspielen der Updates geschieht über Nacht oder am Wochenende und beeinträchtigt damit in keiner Weise das tägliche Arbeiten.

Ähnliches gilt für die von uns eingesetzte Collaboration-Software, die Microsoft Office 365 Suite und noch die ein oder andere Spezialanwendung, die wir im Unternehmen nutzen. Dank Cloud-Betriebsmodell muss ich mich weder um den Betrieb noch um die Wartung der Lösung kümmern. Dies übernimmt der Cloud Service Provider und ich muss gestehen: Die von uns beauftragten Dienstleister machen einen sehr guten Job. So setzen wir beispielsweise die Collaboration-Plattform bereits seit mehr als zehn Jahren ein. Die Anzahl der Fälle, an denen die Lösung einmal „hakte", d.h. unerwarteterweise nicht zur Verfügung stand, kann ich an den Fingern einer Hand abzählen. In diesen Fällen dauerte es in der Regel nur wenige Minuten – und die Lösung stand wieder zur Verfügung. Datenverlust hatten wir nie zu beklagen. Wir konnten bei jedem Ausfall genau dort wieder weiterarbeiten, wo wir vor dem Ausfall aufgehört hatten.

Darauf, dass das Ganze natürlich auch ganz anders ausgehen kann, werde ich eingehen, wenn ich mich mit den Nachteilen des Cloud Computing-Modells aus Anwendersicht beschäftige.

Das Multi-Cloud Phänomen: Vom IT-Wirrwarr zum Cloud-Wirrwarr

Was für uns bei GROHMANN BUSINESS CONSULTING als klassisches KMU in der Praxis sehr gut funktioniert, kann sich bei größeren Unternehmen allerdings auch zu einer Herausforderung entwickeln. Der Einsatz und die Integration unterschiedlicher Cloud-Computing-Lösungen und -Anwendungen. Experten sprechen dabei von der Multi-Cloud. In einer Multi-Cloud nutzt ein Unternehmen mehrere (Public-/Private) Cloud-Angebote verschiedener Anbieter, z. B. Amazon Web Services (AWS) und/oder Microsoft Azure als Cloud Plattformen, Salesforce.com aus der Public Cloud, Backup- und Desaster-Recovery-Lösung aus einer speziell für das Unternehmen zur Verfügung gestellten Private Cloud. Die Gründe dafür liegen auf der Hand. Zum einen gibt es nicht den einen Cloud

Service Provider, der alle Anwendungen und Systeme aus einer Hand anbietet, die ein Unternehmen benötigt. Auf der anderen Seite würden viele Unternehmen diese eine Cloud höchstwahrscheinlich auch gar nicht nutzen, weil sie sich dann ja von einem einzigen Dienstleister abhängig machen würden. Weitere Gründe können in unterschiedlichen Preisen und Konditionen liegen, die es für ein Unternehmen attraktiv machen, verschiedene Cloud-Angebote gleichzeitig zu nutzen.

Unabhängig von den Gründen geht es nun aber für das Anwenderunternehmen beim Einsatz einer Multi-Cloud darum, dieses Konstrukt in den Griff zu bekommen. Gelingt dies nicht, besteht die Gefahr, dass das Unternehmen am Ende vor demselben Wirrwarr aus Infrastrukturen, Plattformen und Anwendungen steht wie zu früheren On-Premise-Zeiten. Aus dem bereits erwähnten IT-Wirrwarr wird dann lediglich ein Cloud-Wirrwarr.

Dem Multi-Cloud-Management kommt deshalb eine zentrale Bedeutung zu. Nur wenn es gelingt, trotz unterschiedlicher Cloud Computing-Lösungen und Cloud Service Provider den Überblick und die Kontrolle über die gesamte Cloud-Infrastruktur zu behalten, können die Vorteile einer solchen gemischten und verteilten Umgebung optimal genutzt werden.

Sobald sich nämlich Anwendungen und Workloads gegenseitig beeinflussen, ist eine optimale Integration zumindest auf Datenebene unabdingbar. Dies gilt beispielsweise dann, wenn die mobile App für Kunden auch mit dem CRM-System verknüpft werden muss oder bei Industrieanwendungen, wenn die an den Maschinen abgerufenen Produktionsdaten sich direkt auf die Arbeit im ERP-System auswirken.

Predictive Maintenance in der Industrie (Internet of Things) ist nur möglich, wenn die verfügbaren Maschinendaten auch intelligent ausgewertet werden. Erst dann können Wartungsfenster vorausschauend geplant und die Stillstandzeiten der Maschinen minimiert werden.

Multi-Cloud-Management-Tools

Beim Entstehen der ersten Multi-Cloud-Umgebungen standen die Unternehmen vor der Herausforderung, dass es noch keine zuverlässigen Multi-Cloud-Managementtools gab. Stattdessen waren diese Unternehmen gefordert, sich selbst eine entsprechende Lösung zur Verwaltung ihrer Multi-Cloud zu basteln. Mittlerweile hat sich die Lage deutlich gebessert. IT-Anbieter wie BMC Software, Cisco, IBM Microsoft oder VMware bieten heute entsprechende Multi-Cloud-Managementtools an. Darüber hinaus gibt es Open Source-basierte Speziallösungen wie z. B. Nagios, SolarWinds sowie Zabbix. Ein deutscher Anbieter einer Open Source Multi-Cloud-Managementplattform ist meshcloud. Das Unternehmen stelle ich Ihnen in Kapitel 8 kurz vor.

Diese Tools helfen dabei, nicht den Überblick über die Multi-Cloud zu verlieren. Die korrekte Implementierung sowie die ständige Aktualisierung und Datenpflege der Softwarelösungen bleibt allerdings als Herausforderung für IT-Abteilungen bestehen. Dabei geht es darum, die unterschiedlichen Cloud Services verschiedener Provider möglichst optimal „unter einen Hut" zu bekommen. Dabei geht es um vielfältige Fragestellungen wie Preismodelle, Sicherheit, Compliance, Service Level Agreements (SLAs), Support und vieles mehr. Vor dem Hintergrund der zahlreichen Aufgaben und Anforderungen, die IT-Abteilungen heute bereits bewältigen müssen, ist dies alles andere als eine leichte Aufgabe.

Immer mehr IT-Dienstleister erkennen diese Herausforderungen und bieten mittlerweile tatkräftige Unterstützung in Form von so genannten Managed Hosting Services. Dabei bieten sie sowohl Cloud Services aus dem eigenen Rechenzentrum als auch die Möglichkeit, über sie auf die Public Cloud-Angebote der großen Service Provider zugreifen zu können.

Sie kümmern sich um die optimale Verteilung der verschiedenen Workloads, dem Umstieg in die Multi-Cloud sowie dem Betrieb der einzelnen „IT-Wolken".

Ergänzende Beratungsleistungen wie

- die Analyse der Ausgangssituation beim Kunden,
- die Evaluierung der optimalen Multi-Cloud-Struktur für das kundenspezifische Einsatzszenario,
- Kosten-/Nutzen-Analysen und Wirtschaftlichkeitsberechnungen

runden das Angebot dieser Managed Hosting Provider ab. Wenn Sie also vor der Herausforderung Multi-Cloud-Management stehen, kann ich Ihnen nur dazu raten, sich einen solchen externen Experten ins Haus zu holen.

Fachkräftemangel

Womit wir beim nächsten Thema wären, das Unternehmen heute zum Gang in die Wolke bewegt: Der Mangel an ausgebildeten Fachkräften in der IT. Laut MINT Frühjahrsgutachten 2019 fehlen den MINT (Mathematik, Informatik, Naturwissenschaften, Technik) Berufen in Deutschland derzeit fast eine halbe Million Fachkräfte. Gerade bei den IT-Berufen wird die Arbeitskräftelücke immer größer.

Wie der Informationsdienst des Instituts der deutschen Wirtschaft (iwd) aus Anlass des MINT-Frühjahrsreports im Juni 2019 meldete, fehlten im April 2019 in Deutschland mehr als 59.000 Fachkräfte. Zum Vergleich: Fünf Jahre zuvor, im Jahr 2014 waren es gerade mal 19.000 Fachkräfte – also etwa ein Drittel – gewesen.

Wie der iwd weiter berichtete, betraf der Anstieg der offenen Stellen „alle Qualifikationsniveaus vom ausgebildeten Facharbeite über Techniker und Meister bis hin zum Akademiker".

Und wer jetzt glaubt, dass die derzeit etwas „stotternde" Weltwirtschaft sich zumindest positiv auf diese Lücke auswirken werde, der irrt. Unabhängig von der wirtschaftlichen Situation befinden sich die meisten Branchen und Unternehmen in einem tiefgreifenden

Wandel der digitalen Transformation. Diese Digitalisierung ganzer Branchen kann und wird nicht durch eine sich eintrübende Konjunktur einfach mal gestoppt werden. Im Gegenteil: Sie wird umso wichtiger, je größer der Kampf um Kunden und Marktanteile wird.

Bestätigt wird diese Einschätzung unter anderem durch eine Umfrage des Online-Jobportals StepStone aus dem zweiten Quartal 2019. Für die Online-Umfrage wurden insgesamt rund 19.000 Fach- und Führungskräften in Deutschland befragt. Darunter waren rund 16.600 Fachkräfte ohne Personalverantwortung und rund 2.400 Führungskräfte. Daneben befragte StepStone online insgesamt rund 3.500 Recruiter und Manager, die für Personalbeschaffung zuständig sind.

"Der Wettbewerb um die besten Fachkräfte erreicht den Arbeitsmarkt erst in den nächsten Jahren mit voller Wucht," erklärte Dr. Tobias Zimmermann, Arbeitsmarktexperte bei StepStone, bei der Vorstellung der Studienergebnisse.

Wenn es also Unternehmen immer weniger gelingt, gerade im IT-Bereich qualifizierte Fachkräfte zu finden, bietet der Einsatz von Cloud Computing-Lösungen eine willkommene Alternative. Denn anstatt sich selbst um Implementierung, Betrieb und Wartung eines IT-Systems kümmern zu müssen, kann er diese Aufgaben an den Cloud Service Provider auslagern. In einem Interview für den Cloud Computing Report Podcast, das ich im Herbst 2019 mit ihm führte, erläuterte mir Wolfgang Kurz, Geschäftsführer des Managed Security Service Providers indevis, wie gerade mittelständische Unternehmen von seinen Managed Security Services profitieren. In der Regel, so Wolfgang Kurz, sei das Thema Security im Mittelstand nur ein Thema von vielen, für das sich die Unternehmen kein Team, sondern maximal einen bis zwei Mitarbeiter leisten – wenn sie ihn/sie finden. Mit den rasch steigenden Cybersecurity-Anforderungen (Firewall, Viren-Schutz, Abwehr von Angriffen, Intrusion Detection, u.v.m.) stoßen diese Mitarbeiter schnell an ihre Grenzen. Erschwerend kommt dazu, dass es für die unterschiedlichen Security-Bereiche auch unterschiedliche Anbieter gibt, die vom IT-Security-Mitarbeiter koordiniert und abgestimmt werden müssen, damit es mit dem Rundum-Schutz klappt. Wie Herr Kurz in der Praxis immer wieder erlebt, scheitern viele Unternehmen an dieser Aufgabe, zumal es dann ja noch darum geht, seine „Security-Hausaufgaben" zu machen, also Updates einzuspielen, Berechtigungskonzepte zu erstellen, etc. An dieser Stelle setzt nun indevis mit seinen Leistungen an. Das Unternehmen arbeitet seit mehr als zwanzig Jahren mit einem eingespielten Team an Security-Herstellern zusammen und integriert deren Lösungen in einen Managed Service für seine Kunden. Diese können diese Services als „Security-as-a-Service" buchen und müssen sich nicht um die Details kümmern. Dies tut indevis mit seinen mittlerweile mehr als 100 Security-Spezialisten. Allein schon auf Grund des Zahlenvergleichs 100 Security-Mitarbeiter beim Service Provider vs. maximal zwei Mitarbeiter beim Anwenderunternehmen werden die Kapazitätsvorteile deutlich. Dazu kommt, dass indevis auf Grund seiner Fokussierung auf den Bereich IT-Security sich im Laufe der Zeit ein Wissen und Praxiserfahrungen aus zahlreichen Kundenprojekten aneignet, denen das Anwenderunternehmen nur wenig entgegenzusetzen hat. Dies gilt insbesondere dann, wenn IT-Security nur einer von vielen Aufgaben des/der IT-Mitarbeiter ist.

Fokus auf das eigene Kerngeschäft

Doch nicht nur im Hinblick auf den Fachkräftemangel in der IT sollten Unternehmen, gerade wenn sie in nicht IT-nahen Branchen tätig sind, sich darüber Gedanken machen, ob und in welchem Ausmaß sie Cloud Services einsetzen. Um nochmals auf unser eigenes DATEV-Beispiel vom Anfang dieses Kapitels zurückzukommen: Betrieb und Wartung einer leistungsfähigen, aber komplexen Faktura- und Finanzbuchhaltungslösung gehören nun wirklich nicht zu meinen Kernkompetenzen als Unternehmensberater, Autor und Referent. Schlimmer noch: Je mehr ich mich mit IT-Aufgaben „herumschlagen" muss, desto weniger Zeit habe ich für die Tätigkeiten meines eigentlichen Kerngeschäfts. Und nur mit diesem Kerngeschäft verdiene ich Geld.

Erschwerend kommt hinzu, dass ich genau weiß, dass ich als „Teilzeit-ITler" generell weniger weiß und weniger kann als die Profis und damit für IT-Aufgaben auch in der Regel viel mehr Zeit benötige, als wenn ich diese Tätigkeiten einem Profi überlasse, der sich wirklich damit auskennt.

Und selbst wenn Sie in einem Unternehmen tätig sind, das über einen oder sogar mehrere IT-Profis verfügt, stellt sich auch hier die Frage, ob es nicht IT-Tätigkeiten und -Aufgaben gibt, die man besser einem externen Dienstleister „aufs Auge drückt". Unter Umständen schafft man sich damit nämlich genau den Freiraum, den man benötigt, um die wirklich wichtigen IT-Aufgaben anzugehen wie Digitalisierung, Einführen neuer Methoden und Technologien oder das Entwickeln und Umsetzen einer mittel- bis langfristigen IT-Strategie.

In der Regel haben IT-Verantwortliche und ihre Teams heute wirklich besseres zu tun, als sich um das nächste Update, den aktuellen Patch oder das Einrichten eines neuen Anwenderprofils zu kümmern.

Höhere Sicherheitsstandards im RZ-Betrieb des Cloud Service Providers

An das Ende meiner Pro-Cloud-Liste habe ich mit Bedacht das Thema Sicherheit gestellt. Denn es gibt gerade bei der Sicherheit unterschiedliche Facetten, die berücksichtigt werden müssen. Darüber hinaus ist die „Sicherheit" seit Jahren ein Argument, das sowohl FÜR, als auch GEGEN den Einsatz von Cloud Computing-Lösungen vorgebracht wird. So, wie ich die Überschrift formuliert habe, passt die höhere Sicherheit garantiert auf die Pro-Cloud-Liste.

Wenn Sie schon einmal Gelegenheit hatten, sich ein professionelles Rechenzentrum anzusehen, waren Sie hoffentlich genauso beeindruckt wie ich. Mein „erstes Mal" fand beim Besuch des Rechenzentrums eines IT-Dienstleisters in der Nähe von Frankfurt statt.

Zugangsschleuse, Zutritt nur mit Code-Karte, Diesel-Generator für den Fall, dass der Strom ausfällt und ein spezielles Löschsystem, das zwar das Feuer löscht, die Technik allerdings nicht in Mitleidenschaft zieht, sind nur einige der Sicherheitsfunktionen, die uns damals gezeigt wurden und die – wie ich aus mittlerweile mehreren Besuchen unterschiedlicher Rechenzentren weiß – zum Standard-Repertoire eines professionellen Rechenzentrums gehören.

Vergleiche ich dies mit meinen Besuchen im ein oder anderen Serverraum eines Anwenderunternehmens, so erinnere ich mich beispielsweise an eine Begebenheit vor einigen Jahren. Ein IT-Verantwortlicher eines Unternehmens, bei dem ich einen Workshop zum Thema Cloud Computing hielt, zeigte mir in der Pause ganz stolz seinen neuen Serverraum. Alles neu, alles frisch gestrichen. Einzig der übergroße Kühlschrank in leuchtendem Rot mit dem Werbeaufdruck eines Herstellers eines braunen Erfrischungsgetränks verwirrte mich etwas. Man habe dafür noch keinen anderen Platz gefunden, lautete die Antwort meines Gastgebers. Noch verwirrender war allerdings die Tatsache, dass in der Hauptsteckdose an der Wand nur ein Stecker steckte. Bevor ich herausfinden konnte, ob das Stromkabel zum Server-Rack oder zum Kühlschrank führt, fing letzterer laut zu brummen an. Es wurde mir dann zwar schnellstens versichert, dass der neue Serverraum sich noch im Testbetrieb befinde, so richtig glauben konnte ich dies allerdings nicht. Unterstrichen wurden meine Zweifel durch eiliges Telefonieren meines Gegenübers, sobald er mich wieder im Besprechungsraum „abgeliefert" hatte.

Doch es geht nicht nur um Stromstecker. Jedes professionell betriebene Rechenzentrum verfügt über detaillierte Vorschriften nicht nur zur Zutritts-, sondern auch zur Zugriffskontrolle. Darin ist festgelegt, wer, wo, wann zugreifen kann und protokolliert, wer, wo, wann zugegriffen hat.

Auch diesbezüglich – Stichwort Passwortschutz – habe ich in Unternehmen schon ganz andere Dinge erlebt. Noch eine Anekdote gefällig? Also gut, da müssen Sie jetzt durch. Vor einigen Jahren besuchte ich den IT-Verantwortlichen eines Unternehmens mit etwa

150 Mitarbeitern. Auf dem Weg zum Besprechungsraum durchquerten wir mehrere Büros. Aus Unachtsamkeit stieß ich dabei mit dem Oberschenkel gegen eine herausstehende Schublade. Es machte furchtbar viel Krach, es tat höllisch weh. Ich ging im wahrsten Sinne des Wortes „in die Knie". Beim Hinunterbeugen entdeckte ich auf der Schublade, die meinen Schmerz ausgelöst hatte, einen Aufkleber mit einer sofort als Passwort erkennbaren Aufschrift. Die an diesem Schreibtisch sitzende Mitarbeiterin war ebenfalls hochgeschreckt und versuchte natürlich, mir zu helfen. Dabei blickte auch sie auf den Passwort-Aufkleber. Mit zusammengepressten Lippen deutete ich darauf und murmelte: „Kleben Sie ihn halt wenigstens unter die Schublade." „Wieso? Dann kann ich ihn doch nicht mehr lesen", lautete die mehr als verdutzte Antwort der Mitarbeiterin. Wahrscheinlich nahm sie in diesem Augenblick an, dass ich mir nicht nur das Bein, sondern auch den Kopf gestoßen hatte. Mein Gastgeber hatte als iT-Security-affiner Mensch meinen Hinweis natürlich besser verstanden. Er versicherte mir, dass es sich dabei natürlich nur um eine unverzeihliche Ausnahme handele, die sofort behoben würde. Auch er erntete nur einen erstaunten Blick seiner Kollegin. Obwohl der Vorfall schon einige Jahre her ist, kann ich mich noch heute an das Passwort erinnern: Ein Vorname gefolgt von einer sechsstelligen Zahl, wohl einem Geburtstagsdatum.

Ich befürchte, die Kollegin von damals weiß bis heute nicht, welches Sicherheitsleck sie mit ihrem Aufkleber geöffnet hat – soweit man es ihr nach meinem Besuch nicht erklärt hat.

Bemerkenswert fand ich auch ein Foto, dass ich erst kürzlich in einem XING-Post fand (Hinweis zum nachfolgenden Foto: Das Originalfoto finden Sie im Internet: Einfach in der Google Bildersuche nach „Password Change Sign Up sheet" suchen. Da ich aber nicht weiß, woher das Bild stammt [Bildrechte], haben wir es kurzerhand im Büro „nachgestellt").

Bildquelle: Eigene Aufnahme Januar 2020

Solche Listen habe ich ebenfalls schon an Pinnwänden in Gemeinschaftsräumen von Unternehmen gesehen – allerdings habe ich mich nicht getraut, sie zu fotografieren.

Fazit: Jedes Unternehmen muss sich heute darüber Gedanken machen, wie es das Thema IT-Sicherheit angeht. Häufig macht es dabei Sinn, auf die Sicherheitsstandards eines professionell betriebenen Cloud-Rechenzentrums zurückzugreifen.

Nachteile des Cloud Computing-Modells aus Anwendersicht

Wie immer im Leben gibt es natürlich auch bei der Beurteilung des Cloud Computing-Modells nicht nur Argumente, die FÜR Cloud Computing sprechen, sondern natürlich auch Nachteile – oder lassen Sie mich besser von Risiken sprechen – , die aus Anwendersicht unter Umständen gegen den Einsatz von Cloud Computing-Lösungen sprechen.

Abhängigkeit vom Anbieter

Ein Argument, das bereits ganz zu Beginn des ASP-Hypes in den 90er-Jahren immer wieder genannt wurde, wenn es darum ging, dem neuen Betriebsmodell Contra zu geben, ist die (vermeintliche) Abhängigkeit vom Anbieter. In den Anfangsjahren schwang dabei stets die Angst mit, dass das Geschäftsmodell nicht funktionieren würde und man dann als Benutzer einer solchen Lösung auf einmal ohne Lösung dastehen würde. Bei einigen der eingangs vorgestellten deutschen ASP-Pioniere wie indecom, Einsteinet oder Victorvox erwies sich diese Angst im Nachhinein ja sogar als begründet. Die Unternehmen und ihre damals angebotenen Lösungen sind alle vom Markt verschwunden. Und auch heute gibt es noch eine Vielzahl an Startup-Unternehmen, die mit ihren Lösungen in das Cloud Business einsteigen. Diese Firmen müssen aber erst einmal nachweisen, dass es ihnen auch gelingt, ein nachhaltiges Business aufzubauen. Gerade im Rahmen der Initiative Cloud Services Made in Germany, an der sich zahlreiche Startup-Unternehmen aus den unterschiedlichsten Anwendungsbereichen beteiligt haben, erlebe ich immer wieder Fälle, in denen es nicht gelingt, diesen Nachweis zu erbringen. Dabei liegen Erfolg und Misserfolg häufig nahe beieinander. So erfuhr ich vor einiger Zeit am selben Tag, dass eines der an der Initiative beteiligtes Unternehmen eine erfolgreiche Finanzierungsrunde abgeschlossen hatte, während ein anderes Insolvenz anmelden musste, weil es nicht gelungen war, einen Investor zu finden, der das Unternehmen weiter unterstützt hätte. Man hatte mehr als 400 mögliche Partner angesprochen. Zielgruppe und Cloud-Lösungsangebot der beiden Unternehmen sind nahezu identisch. Und auch im Fall eines der oben genannten ASP-Pioniere war ich an einem Beratungsprojekt beteiligt, bei dem sich ein Anwenderunternehmen dazu entschieden hatte, die Lösung zu nutzen, allerdings drei Tage später die Insolvenzmeldung des ASP-Anbieters erhielt. Es gab noch keinen Vertrag und es waren auch noch keine Zahlungen geflossen, so dass das Anwenderunternehmen mit einem gehörigen Schreck, aber ohne finanziellen Schaden aus der Sache herauskam. Die Suche nach einem Lösungsanbieter musste allerdings wieder aufgenommen werden.

Nun konnte und kann es natürlich auch im klassischen On-Premise-Geschäft dazu kommen, dass ein IT-Anbieter scheitert. Die Auswirkungen auf das Anwenderunternehmen sind in der Regel allerdings weniger dramatisch – insbesondere, wenn es sich um eine Softwarelösung handelt. Denn diese ist ja dann vor Ort beim Kunden installiert und kann erst einmal – unabhängig vom wirtschaftlichen Status des Anbieters – weiter genutzt und betrieben werden. Gibt dagegen ein Software-as-a-Service-Anbieter auf, wird die Softwarelösung in der Regel nicht mehr zur Verfügung stehen, es sei denn, der Insolvenzverwalter lässt den Geschäftsbetrieb zuerst einmal weiterlaufen. Gerade bei jungen Unternehmen ist dies aber meist nicht der Fall. Ich werde im folgenden Kapitel noch etwas genauer auf die Kriterien bei der Auswahl eines Cloud-Anbieters eingehen, ich verrate aber an dieser Stelle nicht zuviel, wenn ich schon jetzt darauf hinweise, dass Sie sich den Cloud Anbieter und seine wirtschaftliche Leistungsfähigkeit auf jeden Fall genau ansehen sollten.

Doch auch wenn es nicht zum „worst case" kommt, und der Cloud-Anbieter „die Biege" macht, kann häufig schon eine kleine Ursache eine große Wirkung haben und zum temporären Ausfall des Cloud Services führen. Ein Beispiel dafür ist der Totalausfall der Cloud des mittlerweile weltweit führenden Cloud-CRM-Anbieters Salesforce.com im Mai 2019. Die Ursache damals: Ein fehlerhaftes Skript in einem Entwicklungsprojekt für die Marketing Automation-Software Pardot. Pardot war bereits 2012 von der Firma ExactTarget übernommen worden. Seit der Übernahme von ExactTarget durch Salesforce.com zwei Jahre später gehört die Lösung nun zum Salesforce-Lösungsportfolio.

Doch zurück zum Ausfall im Mai 2019: Wie Salesforce.com zugeben musste, lag das Problem bei einem "Datenbank-Skript-Deployment, die den Benutzern versehentlich einen breiteren Datenzugriff als vorgesehen ermöglicht hat." In der Folge konnten reguläre Benutzer aufgrund des Fehlers Daten selbst aus den Systemen einsehen, auf die sie keinen Zugriff haben sollten. Besonders brisant: Im Zeitfenster zwischen dem Eintreten des Fehlers und dem Aussetzen des Zugriffs für die Kundschaft hatten Benutzer auch Schreibrechte, konnten also Inhalte verändern. Zum Schutz der Kunden sah sich der Cloud-Anbieter dann dazu gezwungen, den Zugriff auf alle Instanzen betroffener Kunden zu blockieren. Leider kam es aber auch bei Kunden, die die Pardot-Lösung überhaupt nichts zu tun hatten, zu Ausfällen. Einzige Möglichkeit für Salesforce.com: Sich entschuldigen. In diesem Fall traf es dann gleich den obersten Technik-Chef, Salesforce-CTO Parker Harris, der am 17. Mai 2019 twitterte:

To all of our @salesforce customers, please be aware that we are experiencing a major issue with our service and apologize for the impact it is having on you. Please know that we have all hands on this issue and are resolving as quickly as possible.

— Parker Harris (@parkerharris) May 17, 2019

Doch auch andere namhafte Cloud Service Provider stehen immer wieder einmal vor dem Problem, dass der oder die Dienste für einen bestimmten Zeitraum nicht zur Verfügung stehen.

Die Microsoft Cloud traf es Anfang 2019 mit einer mehrtätigen großflächigen Störung der Office 365-Dienste. Bereits im März 2017 legte ein Tippfehler eines Softwaretechnikers bei Amazon die halbe AWS-Cloud lahm. Folge: Die betroffenen AWS-Kunden konnten nicht oder nur mühsam auf ihre Daten zugreifen oder Transaktionen vornehmen. Die Kunden dieser Unternehmen konnten nichts bestellen, kaufen oder irgendwelche Dienstleistungen abrufen.

Die Google Cloud traf es Anfang Juni 2019: Eine falsche Konfiguration und ein Software-Bug führten dazu, dass Server automatisch für die Pflege vom Netz getrennt wurden. Es dauerte vier Stunden, bis der Fehler erkannt und behoben wurde.

Es geht mir bei diesen Beispielen nicht darum, die genannten Unternehmen an den Pranger zu stellen und ich weiß, dass IT-Ausfälle auch beim On-Premise-Betrieb (leider) an der Tagesordnung sind. Während meiner Zeit als Mit-Geschäftsführer einer PR-Agenturgruppe kam es immer wieder vor, dass ich am Morgen in das Büro kam und die gesamte Mannschaft in der Kaffeeküche hockte – nur der IT-Verantwortliche lief aufgeregt zwischen Server-Raum und seinem Arbeitsplatz hin und her. „Exchange-Server ist drunten!" lautete dann in der Regel die lapidare Erklärung eines Mitarbeiters. Und so blieb auch mir nichts übrig, als mir ebenfalls einen Kaffee zu ziehen und mich am Agenturklatsch zu beteiligen. Ohne E-Mail kein Arbeiten.

Auch in diesen Fällen war ich von einem Dritten, unserem „IT-Mann", abhängig und konnte nur darauf hoffen, dass dieser den Fehler, der zum Crash des E-Mail-Servers geführt hatte, schnell findet und behebt. Und dann musste ich darauf hoffen, dass während des Ausfalls keine E-Mails und Daten verloren gegangen waren.

Fehler passieren. Sowohl in der IT-Abteilung als auch beim Cloud Service Provider arbeiten nur Menschen – und die machen halt auch einmal Fehler. Dass die großen Cloud Service Provider heute den Großteil ihrer Management- und Wartungsarbeiten mittlerweile automatisiert haben, ist sicher ein Plus, wie die genannten Beispiele zeigen, allerdings auch keine 100-Prozent-Garantie.

Scheu, Daten nach außen zu verlagern

Einer der zentralen Aspekte des Cloud Computing-Modells – wenn es sich nicht um eine Inhouse betriebene Private Cloud handelt – besteht darin, dass die mit der Cloud Computing-Lösung verarbeiteten Daten nicht mehr im Unternehmen des Anwenders liegen, sondern beim Service Provider, der diese Cloud Computing-Lösung betreibt. Dies gilt für den Cloud-Speicher, die Cloud Backup-Lösung oder die Cloud-Collaboration-Lösung genauso wie für die Cloud-ERP-Software. Nun stellt sich aber die Frage, was dies für besonders sensible Daten eines Anwenderunternehmen bedeutet. Um hinten anzufangen, werden in der Cloud-ERP-Lösung ja die wichtigsten Unternehmensdaten und -unterlagen wie Angebote, Aufträge, Rechnungen sowie betriebswirtschaftliche Analysen bearbeitet. Alle diese Daten liegen beim Cloud Service Provider. Beispiel Cloud Collaboration: Dort können ja beispielsweise wichtige technische Unterlagen, Verträge oder technische Zeichnungen abgelegt sein, mit denen unter Umständen das wichtigste Knowhow des Unternehmens verbunden ist oder für die das Unternehmen Patente und andere Schutzrechte besitzt. Auch diese Daten liegen beim externen Dienstleister. Setzt ein Unternehmen dann sogar noch eine Cloud Backup-Lösung ein, ermöglicht es dem Cloud Service Provider von selbst den Zugriff auf alle Unternehmensdaten, denn nur so kann ja ein Backup erstellt und im Rechenzentrum des Dienstleisters abgespeichert werden.

Welche Gefahren Cloud-Speicher bergen können, zeigte eine Recherche des Bayerischen Rundfunks im September 2019. Die Rechercheure fanden heraus, dass 13.000 Patientendaten – Röntgenbilder, Krebsscreenings und MRT-Aufnahmen – frei im Internet verfügbar waren. „Schuld" daran waren so genannte „Picture Archiving and Communication System- (PACS-) Server. Diese speichern und verarbeiten die Daten medizinischer Geräte. Diese Geräte sind deshalb direkt mit dem Internet verbunden und kommunizieren nach der Aufnahme direkt mit dem externen Speicher. Das Prinzip ähnelt also dem eines "Cloud-Speichers" - nur eben für hochsensible Daten.

Dirk Schrader, ein Experte für Informationssicherheit, erklärte gegenüber dem BR, dass es in diesen Fällen trivial sei, an die Daten heranzukommen. Auf mehr als 2.300 Rechnern konnte er sensible Daten finden und die Informationen auf den Servern fast in Echtzeit einsehen.

Analog zu diesem Beispiel aus dem Privatpersonenbereich gab und gibt es immer wieder Berichte über Datenlecks im Unternehmensumfeld. So berichtete heise online bereits Ende 2016 über ein Datenleck in der Telekom-Cloud, bei dem Unternehmenskunden durch einen Fehler auf einmal Zugriff auf die Kontaktdaten aus den Adressbüchern anderer Kunden erhielten. Raus kam das Ganze erst, als ein Telekom-Geschäftskunde in seinem Server-Adressbuch plötzlich tausende fremder Einträge, teilweise mit Postanschrift und Durchwahlen fand. Darunter befanden sich auch Kontakte von Sicherheitsbehörden und Polizeistellen.

Auslöser für das Datenleck war die Migration der bei der Telekom eingesetzten Cloud Management-Software auf eine neue Version. Dabei wurde zusätzlich bekannt, dass es sich bei diesem Fall nicht um den Einzelfall handelte, sondern es bereits früher im Zusammenhang mit der Software-Umstellung bei der Telekom zu Datenlecks gekommen war.

Kontroll-Verlust

Was den eben zitierten Fall bei der Telekom auch unter einem anderen Aspekt relevant macht, ist die Tatsache, dass die Telekom die betroffenen Unternehmenskunden laut heise online erst informiert hat, als sie von der Redaktion des Online-Portals auf das Problem aufmerksam gemacht worden war. Darüber hinaus hätten viele Kunden erst von der Umstellung der Management-Software erfahren, nachdem sie durchgeführt worden war.

Nun ist es generell natürlich nicht erforderlich, dass der Benutzer einer Cloud Computing-Lösung im Detail davon Bescheid weiß, was der Cloud Computing-Anbieter „hinter den Kulissen" tut, um die Lösung nicht nur am Laufen zu halten, sondern natürlich auch um sie zu optimieren und zu erweitern oder gegen Angriffe Dritter zu schützen. In der Regel informiert der Cloud Computing-Anbieter seine Kunden über entsprechende „Wartungsfenster", allerdings auch nur dann, wenn davon auszugehen ist, dass die

Anwendung während dieses Zeitraums nicht oder nur eingeschränkt verfügbar ist. Deshalb werden diese Wartungsfenster meistens auch auf die Nacht oder das Wochenende gelegt. Ich gehe einmal davon aus, dass die Telekom nicht davon ausgegangen war, dass durch die Umstellung der Managementsoftware eine Beeinträchtigung der Lösung für die Unternehmenskunden zu erwarten war – und sie deshalb auch nicht informiert hat. Noch weniger ging die Telekom sicher davon aus, dass es durch die Umstellung einer Softwareanwendung im Backend gleich zu einem Datenleck kommen würde – aus Sicht des Anbieters der Super-GAU!

Auf der anderen Seite unterstreicht dieses Beispiel einen Kritikpunkt, den ich immer wieder zum Zusammenhang mit Cloud Computing höre: Den Kontroll-Verlust

Wenn ich eine Cloud Computing-Lösung als Unternehmen einsetze, kann und muss ich davon ausgehen, dass der Anbieter alles dafür tut, dass die Lösung funktioniert und dass meine Daten vom unbefugten Zugriff geschützt sind. Immerhin hängt davon ja der Erfolg seines Geschäftsmodells ab. Bis in das letzte Detail kontrollieren kann ich es aber nicht. Der Leitsatz „Vertrauen ist gut, Kontrolle ist besser", läuft hier also ins Leere. Was soll ich als Cloud Computing-Nutzer denn tun? Regelmäßig im Rechenzentrum des Cloud Service Providers vorbeischauen? Mir alle geplanten Optimierungsarbeiten vorher zeigen und erklären lassen? So ein Vorgehen würde ja dem Vorteil des Cloud Computing-Modells, dass ich mich eben gerade nicht um den Betrieb der Anwendung kümmern muss, komplett widersprechen. Darüber hinaus kann ich es in den meisten Fällen ja auch gar nicht, da mir schlicht das Knowhow fehlt. Ich habe Ihnen in einem der früheren Kapitel ja von unserer Migration in die DATEV-Cloud erzählt. Allein für den Support gibt es drei unterschiedliche Support-Teams, je nachdem für welchen Bereich der Software ich Unterstützung benötige. Am Betrieb und an der Weiterentwicklung arbeiten Hunderte Fachleute. Da bin ich als IT-Verantwortlicher eines der vielen Kunden sicher fehl am Platz. Dennoch muss ich darauf vertrauen, dass die Experten bei der DATEV wissen, was sie tun. Und zwar jeden einzelnen Tag. Nur weil die DATEV-Cloud jetzt gerade läuft (hoffe ich zumindest ...), bedeutet nicht, dass schon morgen etwas schiefläuft, nur weil einer der Experten an irgendeiner Stelle etwas ändert. Ein Patch, ein neues Skript oder eben die neue Version einer Verwaltungssoftware. Vor diesem Hintergrund schlägt das Contra-Argument Kontrollverlust sicher besonders zu Buche. Es stellt sich allerdings natürlich die Frage nach den Alternativen. Denn auch wenn ich mich aus diesem Grund gegen die Cloud und für den On-Premise-Betrieb entscheide, muss ich darauf vertrauen, dass mein eigenes IT-Team, soweit ich eines besitze, weiß, was es tut und keine Fehler macht. Und welcher Mensch kann dies schon von sich behaupten?

Schatten-IT

„Schatten-IT!!" Wie ein Damokles-Schwert schwebt dieser Begriff schon seit längerem über deutschen Unternehmen und deren IT-Abteilungen. Der Begriff ist schnell erklärt. Fachabteilungen nutzen Informations- und Telekommunikationstechnologie, ohne die IT-Abteilung zu informieren. Gerade im Zusammenhang mit dem Thema Cloud Computing wird dieser Begriff immer wieder genannt. Die Gründe liegen auf der Hand. Zum einen ist es heute sehr einfach, sich ein Benutzerkonto bei einem Cloud Service zu besorgen, häufig ist dies sogar kostenlos möglich. Denken Sie nur an die beliebten Cloud Speicher wie Dropbox, iCloud oder Google Drive. Viele Mitarbeiter nutzen bereits einen entsprechenden Privat-Account – und nutzen diesen dann einfach auch im Beruf. Ist halt einfach so praktisch. Und so landen dann Firmenpräsentation, Angebote, Verträge und sonstige Firmenunterlagen und Dokumente in der Cloud, ohne dass die Unternehmens-IT irgendetwas davon mitbekommt und entsprechend eingreifen kann. Denn in der Regel werden mit dem unkontrollierten Speichern von Unternehmensinformationen in der Cloud die geltenden Datenschutz- und Compliance-Vorgaben des Unternehmens gebrochen. Vom Thema Datensicherheit gar nicht zu sprechen.

Phänomen Schatten-IT –Definition und Status Quo

Der Begriff Schatten-IT steht also für IT-Systeme und -Anwendungen, die in einem Unternehmen genutzt werden, ohne dass sie in die offizielle IT-Landschaft des Unternehmens eingebunden sind. In der Regel erfolgt die Nutzung durch einzelne, oft sogar mehrere Fachabteilungen (Vertrieb, Marketing, Personal) parallel zur offiziellen IT-Ausstattung des Unternehmens. Damit sind diese IT-Systeme weder technisch noch organisatorisch in das IT-Service-Management des Unternehmens eingebunden und in der Regel auch nicht von der IT-Abteilung genehmigt – welche Folgen dies für das Unternehmen haben kann, wird zu einem späteren Zeitpunkt erläutert. Häufig weiß die IT-Abteilung des Unternehmens allerdings gar nicht einmal, dass Schatten-IT im Einsatz ist.

Die Bedeutung von Schatten-IT für Unternehmen wurde in den letzten Jahren durch eine Reihe von Studien und Umfragen erforscht. Die wichtigsten Ergebnisse habe ich im Folgenden kurz zusammengefasst.

Das Marktforschungsinstitut IDC führte bereits im Jahr 2013 eine Marktbefragung zum Thema Cloud Computing unter 260 IT- und Fachabteilungsleitern aus Deutschland mit mindestens 100 Mitarbeitern durch. Dabei zeigte sich, dass 44 Prozent der Fachbereiche kostenlose oder kostenpflichtige Dienste aus der Cloud nutzen, ohne die IT-Abteilung einzubeziehen. Drei Viertel davon verwenden die Cloud-Services zumindest teilweise, ein Viertel sogar sehr intensiv. Die Analysten gehen sogar davon aus, dass die Zahl in der Realität noch höher liegt. Ihre Begründung: Die IT-Abteilungen seien ja nicht involviert und könnten daher auch nicht von der Nutzung wissen: "Zudem spricht keiner gern über Schatten-IT", so IDC im entsprechenden Ergebnisbericht zur Studie.

Laut einer Umfrage des Marktforschungsinstituts techconsult aus dem Jahr 2014 nutzen in mehr als jedem zweiten deutschen Unternehmen Fachabteilungen eigenmächtig Cloud Services und „entmachten" damit die IT-Abteilung. Service Level Agreements werden umgangen oder nicht eingehalten, ein IT-Support durch die IT-Abteilung ist nicht gewährleistet.

Eine Umfrage der Firma British Telecom (BT) Ende 2014 ergab, dass auch die IT-Leiter das Phänomen Schatten-IT bereits erkannt haben. Zitat aus der Presseerklärung zur Studie: „Wie die Studie ‚Art of Connecting: creativity and the modern CIO' zeigt, ist ein solches Vorgehen [nämlich „Schatten-IT"] in Deutschland bereits gängige Praxis: 75 Prozent der CIOs beobachten eine entsprechende Entwicklung in ihren Unternehmen."

Bei einer Umfrage der Atos Cloud-Tochtergesellschaft Canopy, für die CIOs, Chief Financial Officers (CFOs) und andere Entscheider in Deutschland, Frankreich, Großbritannien, den Niederlanden und den Vereinigten Staaten befragt wurden, schätzten die befragten IT-Entscheider, dass zwischen 5 und 15 Prozent ihres IT-Budgets auf Schatten-IT entfällt. Fast zwei Drittel (60 %) der IT-Manager schätzten den Kostenanteil am gesamten IT-Budget ihres jeweiligen Unternehmens auf etwa 13 Millionen Euro.

In einer Umfrage im Auftrag der Firma McAfee im November 2019, bei der 500 IT-Leiter und 253 Angestellte in Unternehmen mit über 250 Angestellten in Deutschland befragt wurden, gaben 53 Prozent der befragten IT-Leiter an, dass die Hälfte der Mitarbeiter in ihrem Unternehmen Anwendungen nutzt, von denen die IT-Abteilung nichts weiß. Im Gegenzug gaben 41 Prozent der Angestellten zu, nicht sanktionierte Cloud-Services zu nutzen.

Gründe für das Entstehen von Schatten-IT

Sucht man nach den Gründen für das Entstehen von Schatten-IT, so lassen sich drei unterschiedliche Bereiche abgrenzen:

1. Gründe auf Seiten der IT-Abteilung
2. Gründe auf Seiten der Fachabteilung(en)

3. Gründe in der Zusammenarbeit zwischen IT und Fachabteilung(en)

Gründe auf Seiten der IT-Abteilung

„Doing More with Less" – dieses Motto gilt (leider) seit mehreren Jahren für die IT-Abteilungen in den meisten Unternehmen. Als „Nachwehen" der Finanz- und Wirtschaftskrise stagnierten die IT-Budgets und -Ressourcen in den Folgejahren, teilweise sanken sie sogar. Die personellen wie finanziellen Ressourcenengpässe führten dazu, dass IT-Projektanfragen und Anfragen nach neuen IT-Lösungen aus Fachabteilungen immer häufiger zurückgestellt werden mussten oder sich verzögerten. Dieser „Projektstau" reicht bis in die Gegenwart. Folge: Viele Fachbereiche schauten sich immer häufiger nach Lösungen außerhalb der eigenen Unternehmens-IT um. In der weiter oben bereits zitierten Umfrage der Firma Canopy erklärten 37 Prozent der befragten Fachbereichsleiter, dass die „Unfähigkeit ihrer IT-Abteilung zur schnellen Bewilligung kurzfristiger Pilotprojekte und zur zeitgerechten Einführung von Produkten (34 %) die Hauptursache für Investitionen in Schatten-IT sind."

Doch nicht nur fehlendes Budget und langwierige Bewilligungs-, Entwicklungs- und Freigabeprozesse spielen eine Rolle für das Entstehen von Schatten-IT. In vielen Fällen leiden insbesondere die IT-Abteilungen wie bereits an anderer Stelle erwähnt unter einem dramatischen Fachkräftemangel.

Folge: In vielen Unternehmen fehlen derzeit nicht nur die personellen Ressourcen, es fehlt teilweise auch schlicht das entsprechende Knowhow, um die Anforderungen der Fachabteilungen nach immer neueren, immer leistungsfähigeren und immer benutzerfreundlicheren IT-Systemen und -Anwendungen zu erfüllen.

Auf der anderen Seite führten neue IT-Technologien wie Cloud Computing dazu, dass es für Fachabteilungen viel einfacher wurde, IT-Lösungen außerhalb der eigenen Unternehmens-IT zu nutzen. Mittlerweile gibt es in den meisten Anwendungsbereichen zahlreiche, ausgereifte Public Cloud Computing-Anwendungen, die auf „Knopfdruck" zur Verfügung stehen. In der Regel benötigt man zum Abschluss eines entsprechenden Nutzungsvertrags gerade einmal eine Kreditkarte, abgerechnet wird nach Nutzung. Wird die Lösung nicht mehr benötigt, kann sie in der Regel innerhalb kürzester Zeit wieder abbestellt werden. Diese Vorgehensweise steht damit im krassen Widerspruch zum häufig langwierigen Anforderungs-, Entwicklungs- und Freigabe-Prozess in der eigenen IT-Abteilung.

Und letztendlich fehlen der IT-Abteilung häufig die Monitoring- und Kontrollmöglichkeiten, um Schatten-IT im Unternehmen frühzeitig zu erkennen. Damit fehlt ihr aber auch die Möglichkeit, vor den Risiken und Gefahren des Einsatzes dieser Lösungen zu warnen und gemeinsam mit den entsprechenden Fachabteilungen Alternativlösungen zu diskutieren und umzusetzen.

Gründe auf Seiten der Fachabteilung(en)

Aber nicht nur auf Seiten der IT-Abteilung, sondern auch auf Seiten der Fachabteilungen gibt es Gründe, die den Trend zur Schatten-IT unterstützen.

So ist in vielen Unternehmen in den letzten Jahren eine Entwicklung festzustellen, die das klassische Arbeitsplatzmodell immer häufiger zu Gunsten neuer Arbeitsformen wie „Home Office" und „mobile worker" „auflöst".

Eine Bitkom-Befragung zum Thema Home Office aus dem Jahr 2019 bestätigt diesen Trend: Vier von zehn Arbeitgebern (39 Prozent) geben ihren Mitarbeitern bereits die Freiheit, auch abseits der klassischen Büroräume zu arbeiten.

Die neuen Arbeitsformen wie Home Office und „mobile worker" führen nun aber dazu, dass Mitarbeiter immer weniger Zeit an ihrem Arbeitsplatz in einem Büro im Firmenge-bäude des Arbeitgebers an einem von der IT-Abteilung eingerichteten und gewarteten IT-Arbeitsplatz verbringen. Stattdessen nutzen sie zum Teil private Hardware, webba-sierte Kommunikations- und Kollaborationsplattformen und als Cloud Service bereit ge-stellte Anwendungen.

Darüber hinaus erfolgt die Arbeit in den meisten Fachabteilungen heute in enger Zusam-menarbeit mit externen Projektbeteiligten: Geschäftspartner, Dienstleister, Kunden, etc., die ihrerseits Anforderungen an die IT stellen bzw. ihre eigenen IT-Systeme in das Projekt integrieren. Gerade bei international tätigen Unternehmen mit einem teilweise weltweiten Netz an Projektpartnern spielt dies mittlerweile eine große Rolle. Was soll der Mitarbeiter im Marketing denn tun, wenn ihm die Agentur aus Fernost die Design-entwürfe als Dropbox-Link schickt? Oder wie verhält sich ein Vertriebsmitarbeiter rich-tig, der von einem Kunden gebeten wird, seine Angebote in eine webbasierte Collabo-ration-Plattform einzustellen, die in der Amazon-Cloud betrieben wird? Wie diese bei-den Beispiele zeigen, ist es häufig gar kein böser Wille auf Seiten der Fachabteilung, den Weg in Richtung Schatten-IT zu gehen.

Eine weitere Entwicklung, die insbesondere in Fachabteilungen dazu führt, sich der Schatten-IT zuzuwenden, ist der ebenfalls bereits erwähnte Eintritt der so genannten „digital natives" in das Berufsleben. Damit werden Personen bezeichnet, die in der digi-talen Welt, also mit Internet, Web 2.0, sozialen Medien und unterschiedlichsten mobilen Endgeräten, aufgewachsen sind und diese Art der Kommunikation und Interaktion nun auch in das Berufsleben übernehmen. Zur Arbeits- und Lebensweise dieser Personen-gruppe gehört aber auch ein „always online" sowie der beliebige Einsatz von Online-Plattformen. Diese Mitarbeiter lassen sich damit nur schwer in eine traditionelle IT-Or-ganisation „hineinzwängen", insbesondere dann, wenn diese eben nicht ein „always on-line" garantieren kann. Stattdessen weichen diese Mitarbeiter schnell auf ihre gewohn-ten Kommunikationskanäle und Austauschplattformen aus, wenn die eigene Unternehmens-IT an Problemen in den Bereichen Performance, Verfügbarkeit oder Benutzer-freundlichkeit leidet.

Gründe in der Zusammenarbeit von IT- und Fachabteilung(en)

Aus den oben genannten Gründen ergibt sich eine ganze Reihe von Reibungspunkten in der Zusammenarbeit zwischen den einzelnen Unternehmensbereichen. Diese liegen häufig in der fehlenden organisatorischen Abstimmung, was dann von der Fachabteilung als nachlässige Betreuung durch die IT empfunden wird.

Darüber hinaus verfahren viele Unternehmen auch heute noch nach mittlerweile veral-teten Verfahren und Prozessen, wenn es um die Implementierung neuer IT-Systeme geht. Diese Verfahren und Prozesse werden von der Fachabteilung häufig als zu starr und langsam empfunden. Häufig wird der Fachabteilung auch das Gefühl vermittelt, nicht ernst genommen zu werden. Dies führt in vielen Unternehmen dazu, dass Fachab-teilungen damit beginnen, ein „Eigenleben" zu führen, das auch die Auswahl und den Einsatz der Arbeitshilfen – und damit auch der entsprechenden IT-Lösungen – umfasst.

Ein weiterer Grund für das Entstehen von Schatten-IT liegt in einer fehlenden oder man-gelhaften Kommunikation der IT-Abteilung an die Fachabteilungen. Häufig wissen diese gar nicht oder nur unzureichend über die anstehenden Projekte Bescheid und können damit überhaupt nicht einschätzen, weshalb die eigenen Projekte so langsam laufen oder verzögert werden. Nur wenige IT-Abteilungen übernehmen bereits die ihnen neu zugedachte Rolle des internen „IT-Service Providers" und betreuen die Kollegen in den Fachabteilungen wie ihre „Kunden". Damit versäumen sie es auch, ihre Kunden auf die Gefahren und Risiken von Schatten-IT hinzuweisen, auf die im Folgenden eingegangen wird.

Gefahren und Risiken durch Schatten-IT

Je mehr sich Schatten-IT in Unternehmen ausbreitet, desto größer werden die damit verbundenen Risiken und Gefahren.

Diese liegen zum einen im Problem, die Datensicherheit und -integrität, sowie den Datenschutz im Unternehmen sicherzustellen. Ein häufig in diesem Zusammenhang genanntes Beispiel ist der Einsatz von Filesharing-Plattformen wie Dropbox, Google Drive oder der Apple iCloud. Werden solche Plattformen im Unternehmen eingesetzt, werden unternehmensinterne Dokumente und Informationen auf von externen Dienstleistern betriebenen Plattformen gespeichert – und damit der Kontrolle des Unternehmens auf Datensicherheit und datenschutzrechtliche Vorgaben entzogen. Backup- und Disaster Recovery-Strategien laufen ins Leere, denn sie können in der Regel nicht auf diese Plattformen ausgeweitet werden. Dasselbe gilt aber auch für das Herunterladen von Unternehmensdaten auf private Endgeräte (Laptops, Mobiltelefone, Tablets) „Bring Your Own Device (BYOD)", also der Einsatz privater Endgeräte am Arbeitsplatz ist ein derzeit noch kontrovers diskutiertes Thema, sollte aber auf jeden Fall in Form von Betriebsvereinbarungen geregelt werden. Denn sonst droht auch hier die Schatten-IT.

Darüber hinaus kann Schatten-IT dazu führen, dass Compliance-Vorgaben missachtet werden. Dies kann zum einen darin liegen, dass sich Prozesse „einschleichen", die gegen bestehende Compliance-Regeln verstoßen. Darüber hinaus ist der Einsatz von Schatten-IT selbst heute in vielen Unternehmen noch ein Verstoß gegen unternehmensinterne Compliance-Regeln.

Doch nicht nur in Bezug auf gesetzliche und unternehmensinterne Vorgaben stellt Schatten-IT ein Risiko dar. Mit dem Einsatz von Schatten-IT unterlaufen die Fachabteilungen auch das unternehmensinterne IT-Service-Management, da es sich um einen extern bezogenen IT-Service handelt. Die Fachabteilung wird dazu ebenfalls nicht in der Lage sein und so entstehen überall im Unternehmen „IT-Inseln", die nicht in die IT-Gesamtstrategie integriert sind.

Dies gilt im selben Maße für Regelungen zur Beschaffung von Unternehmens-IT. Anstatt sich auf vom Unternehmen vertraglich gebundene IT-Lieferanten zu verlassen, entsteht ein Wildwuchs an zusätzlichen Service Providern, die lediglich über den in der Regel online geschlossenen Service-Vertrag und die darin enthaltenen AGBs an das Unternehmen gebunden werden. Stellen die Vertragslieferanten dann fest, dass Lösungen eingesetzt werden, die eigentlich von ihnen bezogen werden müssen, sind sogar Vertragsstrafen möglich. Darüber hinaus riskiert die IT-Abteilung selbst derartige Pönalen, wenn es ihr nicht gelingt, die vereinbarten Service Levels einzuhalten.

Und abschließend besteht beim Einsatz von Schatten-IT natürlich immer die Gefahr, dass ein Provider seinen „Schatten"-Service einstellt und damit für einen deutlichen Mehraufwand sorgt, um den „Status Quo" wiederherzustellen.

Rechtliche Fragen

Zum Abschluss möchte ich an dieser Stelle nur kurz auf die rechtlichen Fragen als Gegen-Argument für die Nutzung von Cloud Services eingehen. Ich werde mich mit diesem Thema – insbesondere unter dem Gesichtspunkt Datenschutz – in einem der nächsten Kapitel noch detaillierter auseinandersetzen.

In zahlreichen Branchen gibt es auch heute noch gesetzliche und/oder standesrechtliche Vorgaben, die sich auch auf den Einsatz entsprechender IT-Lösungen auswirken. In der Regel geht es dabei um die Frage, wo und wie Daten, die mit diesen IT-Lösungen be- und verarbeitet werden, gespeichert werden. Ein weiterer Aspekt sind Archivierungspflichten und -fristen, die natürlich nur eingehalten werden können, wenn sichergestellt ist, dass der Speicherort – unter Umständen bei einem Cloud Service Provider – auch die gesetzlich geregelten Anforderungen erfüllt.

Ein Beispiel, dass generell alle deutschen Unternehmen betrifft, sind die Grundsätze zur ordnungsmäßigen Führung und Aufbewahrung von Büchern, Aufzeichnungen und

Unterlagen in elektronischer Form sowie zum Datenzugriff, kurz GoBD. Diese Grundsätze gelten bereits seit 1. Januar 2015. Grundsätzlich gilt: Sofern Unternehmen steuerrelevante Informationen (z.B. Rechnungen) per E-Mail erhalten, ist eine rechtssichere Archivierung nach den Grundsätzen zur ordnungsmäßigen Führung und Aufbewahrung von Büchern, Aufzeichnungen und Unterlagen in elektronischer Form sowie zum Datenzugriff unverzichtbar. Das Ausdrucken und Abheften einer als PDF-Anhang zugemailten Rechnung reicht eindeutig nicht aus – der Ausdruck gilt nicht als Original. Das Original ist eben der E-Mail-Anhang, der unverändert zu archivieren ist. Die Finanzbehörden verlangen zunehmend nicht nur die Archivierung, sondern auch eine Verfahrensdokumentation, in der die Arbeitsabläufe zur Archivierung im Unternehmen detailliert beschrieben werden.

Mittlerweile gibt es zwar eine ganze Reihe von Cloud Computing-Angeboten, die eine GoBD-konforme Archivierung von steuerlich relevanten Unterlagen ermöglichen. Dennoch könnte dies ein Fall sein, in dem sich ein Unternehmen gegen den Einsatz einer Cloud Computing-Lösung entscheidet, und die Unterlagen lieber im eigenen Unternehmen archiviert. Allerdings muss natürlich auch in diesem Fall GoBD-Konformität gewährleistet sein. Ausdrucken und Abheften einer als PDF-Anhang per E-Mail erhaltenen Rechnung reicht nicht aus!

Kapitel 5: Vorgehensweise bei der Auswahl einer Cloud Computing-Lösung und eines Cloud Service Providers

Nachdem ich im letzten Kapitel versucht habe, die wichtigsten Argumente, die FÜR, aber auch GEGEN den Einsatz von Cloud Computing-Lösungen sprechen, möchte ich Ihnen im folgenden einige Tipps an die Hand geben, wie Sie am besten dabei vorgehen sollten, um sich für eine bestimmte Cloud Computing-Lösung bzw. einen bestimmten Cloud Service Provider zu entscheiden.

Vorüberlegungen bei der Auswahl einer Cloud Computing-Lösung

Bei der Auswahl einer Cloud Computing-Lösung geht es zuerst einmal darum, sich darüber Gedanken zu machen, welche Vorteile Sie sich aus dem Einsatz dieser Lösung versprechen.

- Sind es die günstigeren Anschaffungs- und Betriebskosten einer Cloud Computing-Lösung im Vergleich zu einer Lösung im konventionellen Lizenzmodell?
- Ist es die Mobilität und Flexibilität beim Zugriff auf die Anwendung von jedem Ort zu jeder Zeit mit lediglich einem Internet-Zugang als technischer Voraussetzung?
- Geht es Ihnen darum, Ihre IT-Abteilung zu entlasten und die sowieso bereits knappen Personalressourcen besser einzusetzen?

- Oder suchen Sie einfach nach einem Partner, der Ihnen die Betreuung ihrer IT-Infrastruktur abnimmt und ihnen zusätzliche Service-Leistungen erbringt, damit Sie sich wieder verstärkt auf Ihr Kerngeschäft konzentrieren können?

Sie denken vielleicht, diese Fragen seien banal. Ich hatte aber bereits in der „Hype"-Phase des ASP-Marktes im Jahr 2000 oftmals das Gefühl, dass sich auch Anwenderfirmen von dem Hype anstecken hatten lassen und einfach einmal ein ASP-Projekt initiierten, weil es gerade „chic" war. Erst im Verlauf des Projekts merkten sie dann, dass sie ihre nur wage gesteckten Ziele gar nicht erreichen konnten und reagierten dann mit Unverständnis und Ablehnung. Darin unterschied sich der ASP-Hype in keiner Weise von anderen Hypes.

Und auch heute wird es kaum ein Unternehmen geben, das sich nicht zumindest generell mit dem Thema Cloud Computing beschäftigt. Ob es dann tatsächlich auch Cloud-Lösungen aus strategischer Sicht einsetzt, sei einmal dahingestellt. Aus diesem Grund bewerte ich auch die zahlreichen – teils sehr euphorischen – Ergebnisse aktueller Anwenderbefragungen zum Thema Cloud Computing-Einsatz eher skeptisch. Ich hatte ja bereits an anderer Stelle auf die Diskrepanz z.B. zwischen dem Bitkom Cloud Monitor und der Umfrage des statistischen Bundesamts hingewiesen. Meine Vermutung: Viele Unternehmen erklären sich allein schon aus Image-Gründen zu Cloud-Nutzern, insbesondere wenn ein IT-Branchenverband diese Umfrage durchführt. Wer möchte schon zugestehen, dass er einen Zukunftstrend wie Cloud Computing verschlafen hat? Wird man dann aber wie bei der Umfrage des statistischen Bundesamts in einer allgemeinen Umfrage auch zum Thema Cloud Computing befragt, sieht man sich unter Umständen weniger genötigt, sich als „Cloud-Liebhaber" zu outen. Aus diesem Grund befragen wir für unser Cloud Computing Marktbarometer Deutschland auch nicht Anwender, sondern die Anbieter.

Aber zurück zum Thema: Über den Kostenvergleich On-Premise- vs. Cloud Computing – und die dabei häufig auftretenden „Unschärfen" bei der Kalkulation – habe ich im letzten

Kapital ja bereits ausführlich geschrieben. Das Ergebnis hängt immer vom Einzelfall ab und ich kann Ihnen an dieser Stelle nur raten, wenn Sie Ihren eigenen Kostenvergleich anstellen: Seien Sie ehrlich und präzise und berücksichtigen Sie wirklich alle Kosten.

Neue Anwendung/neues IT-System

Oft sind es aber nicht die reinen Anschaffungs- oder Betriebskosten, die als Hauptentscheidungsgrund für oder gegen Cloud Computing genannt werden. Häufig besteht der Anlass, sich mit dem Thema Cloud Computing zu beschäftigen darin, eine neue Software-Lösung bzw. ein neues IT-System im Unternehmen einzuführen.

Und dabei kommen Sie heute an der Cloud eigentlich nicht mehr vorbei. Unabhängig davon, ob es sich um eine Softwarelösung oder die Erweiterung Ihrer eigenen IT-Infrastruktur geht, werden Sie heute in der Regel zumindest ebenso viele Cloud- wie On-Premise-Angebote finden.

In vielen Softwarebereichen, z.B. Content Management, Collaboration, Dokumentenmanagement oder Projektmanagement, haben Cloud-basierte Anwendungen bereits die Oberhand gewonnen. Es fällt in diesen Bereichen mittlerweile fast schon schwer, Lizenzsoftware zu finden – von der ein oder anderen Branchenanwendung einmal abgesehen. Das gleiche gilt für klassische Hosting-Angebote. In der Regel wird es heute kein Unternehmen mehr geben, das sich für den Betrieb der eigenen Webseite einen eigenen Webserver aufbaut und in den Keller stellt. Die am Markt verfügbaren Cloud-Lösungen sind einfach zu attraktiv, was das Preis-/Leistungsverhältnis angeht. Das Hosting einer professionellen Webseite kostet heute nur wenige Euro im Monat und ist mit zusätzlichen Services (Speicherplatz, Datenbank, E-Mail-Konten, Virenscanner, zusätzliche Web-Anwendungen z.B. Content Management System) verbunden, die die meisten Unternehmen mit eigenen Bordmitteln unmöglich selbst umsetzen können.

Dies gilt insbesondere für die große Anzahl von kleinen und mittleren Unternehmen (KMUs).

Darüber hinaus bieten die meisten Provider heute hohe Skalierbarkeit. Steigen die Anforderungen z.B. beim Webhosting, ist es in der Regel per Knopfdruck möglich, auf ein nächsthöheres Angebot umzusteigen, das die gestiegenen Anforderungen erfüllt.

Auf der anderen Seite mag es natürlich aber immer Anwendungsszenarien geben, die aus diesem Schema herausfallen. Betreiber großer Online-Plattformen und/oder Online-Shops werden sich natürlich darüber Gedanken machen, ob sie sich für ein entsprechendes Angebot aus der Cloud entscheiden oder doch eine eigene IT-Infrastruktur aufbauen. Wenn man allerdings bedenkt, dass Amazon mit seinen Amazon Web Services auch die Anforderungen dieser Unternehmen erfüllt – immerhin betreibt das Unternehmen ja selbst den weltweit größten Online-Shop – zeigt sich, dass mittelfristig selbst für derartige Ansprüche der Weg in die Cloud vorgezeichnet ist.

Sie erinnern sich noch an meine Ausführungen zum Thema Schatten-IT aus dem vorherigen Kapitel? Vordergründig ist Schatten-IT eigentlich ein Argument GEGEN den Einsatz von Cloud-Lösungen, eben genau dann, wenn diese Cloud-Lösungen an der IT-Abteilung vorbei mehr oder weniger heimlich eingesetzt werden

Auf der anderen Seite spricht das Thema Schatten-IT aber auch dafür, Cloud-Anwendungen im Unternehmen einzusetzen. Geschieht dieser Einsatz nämlich offiziell in Abstimmung zwischen IT- und Fachabteilungen, kann er ein perfektes Mittel sein, um Schatten-IT einzudämmen. Denn die Mitarbeiter müssen dann ja nichts mehr heimlich tun. Sie erhalten die gewünschte Anwendung, und die IT-Abteilung behält die Kontrolle.

Fazit: Wenn Sie sich heute dazu entscheiden, eine neue IT-Lösung – insbesondere eine neue Software-Anwendung – im Unternehmen einzusetzen, sollten Sie sich auf jeden Fall mit der Cloud-Option auseinandersetzen.

Mobilität

Träumen Sie auch davon, im Urlaub am Strand Ihre E-Mails zu lesen oder im Auto wichtige Bankgeschäfte abzuwickeln? Nun, seien wir einmal ehrlich, es gibt sicher wichtigere Einsatzbereiche, in denen Mobilität eine besondere Rolle spielt. Denken Sie nur an die vielen Branchen und Marktsegmente, in denen der Außendienst nach wie vor die wichtigste Vertriebsform darstellt, etwa die Versicherungsbranche oder den Großhandel. Die von der Firma Citrix und anderen US-Unternehmen einmal geprägten drei „any's – any place, any time, any device" spielen gerade im Außendienst eine besondere Rolle. Denn dort kann es ein wichtiger Wettbewerbsvorteil sein, wenn über ein Notebook, ein Tablet oder ein Smartphone Preisabfragen durchgeführt werden, Verträge online ausgefüllt und abgeschickt werden oder wichtige Informationen abgelegt werden können. Dank „mobile Computing" und Smartphone-Boom stieg die Zahl der internet-fähigen Endgeräte in den letzten Jahren rapide an. Und die Generation Y/Z arbeitet sowieso nur noch mit mobilen Endgeräten.

Gerade beim Thema Mobilität spielt das Cloud Computing-Betriebsmodell seine größten Stärken aus. Um auf eine Cloud-Anwendung zugreifen zu können, benötigen Sie nun einmal nur ein internetfähiges Endgerät und einen gängigen Browser. Einloggen und los geht's. Ich kann mich noch gut an Fälle aus meiner Anfangszeit als Berater internationaler IT-Unternehmen erinnern. Wurde mir dabei Zugriff auf Unternehmensdaten und Anwendungen gewährt, geschah dies damals in der Regel in Form eines so genannten VPN-Zugangs. VPN steht dabei für Virtual Private Network. Damit ist es unter anderem möglich, externe Arbeitsplätze in das Firmennetzwerk zu integrieren. Dazu benötigt man allerdings Internet-Zugang plus einen auf dem lokalen Rechner installierten VPN-Client, über den man eine Verbindung zum VPN-Gateway des Unternehmens aufbaut, sich dort entsprechend authentifiziert und dann Zugriff auf das Firmennetz erhält. Auch heute werden VPNs noch genutzt, um einen Zugriff auf ein Firmennetz sicher zu gewährleisten. Wir greifen so beispielsweise auf die DATEV-Cloud zu. Damals lag das Problem allerdings daran, dass es eine Ewigkeit dauerte, bis ich als externer Mitarbeiter die entsprechende

Zugriffsberechtigung und die entsprechenden Zugangsdaten erhielt. Ich erinnere mich nicht nur an einen Fall, bei dem diese Daten bei mir ankamen, als das Projekt, für das ich sie benötigt hätte, schon lange abgeschlossen war.

Mit modernen Cloud-Anwendungen z.B. virtuellen Projekt- oder Datenräumen oder Collaboration- oder Projektmanagementsoftware ist es heute mit wenigen Handgriffen möglich, auch externen Mitarbeitern Zugriff auf Projektdaten und -unterlagen zu ermöglichen, die sie dann über die entsprechende Software auch bearbeiten können. Die Zugriffsrechte können in der Regel so eingestellt werden, dass jeder Projektbeteiligte – intern wie extern – nur die Daten und Dokumente sieht und bearbeiten kann, für die er auch die Berechtigung hat.

Ein weiterer gängiger Anwendungsbereich für Cloud-Lösungen, bei denen die Mobilität eine Rolle spielt, ist der Bereich Online-Meetings und Web-Konferenzen. Dank moderner Cloud-Technik können Mitarbeiter heute unabhängig von deren Aufenthaltsort Besprechungen abhalten, Präsentationen vorführen oder sich über den neuesten Projektstatus austauschen. Niemand muss reisen, jeder kann bequem von seinem Arbeitsplatz, aber auch vom Hotelzimmer aus oder sogar auf Reisen an so einer Besprechung teilnehmen.

Fazit: Wann immer Mobilität eine zentrale Rolle spielt, sollten Sie sich auf jeden Fall nach einer Cloud-basierten Lösung umsehen.

Konzentration auf das Kerngeschäft

Geht es Ihnen manchmal auch so? Sie haben das Gefühl, dass Ihr gesamtes unternehmerisches Tun von der IT-Infrastruktur bestimmt ist und eigentlich nichts so richtig funktioniert. Wie der Hamster in einem Laufrad laufen Sie und Ihre IT-Verantwortlichen von einem IT-Problem zum anderen, haben aber nie das Gefühl, dass es auch nur einen Moment gibt, an dem das gesamte IT-System problemlos funktioniert. Ich kenne dieses

Gefühl und diese Situation vor allem aus kleinen und mittleren Unternehmen, in denen die IT-Infrastruktur eigentlich nur „nebenher" betrieben und verwaltet werden kann und in denen kleinste IT-Probleme bereits zu Verzögerungen im Arbeitsablauf oder zu Arbeitsausfällen führen. Externe Berater müssen hinzugezogen werden, selten reicht das Budget für die Lösung aller Probleme. Es herrscht ein ewiger Kampf „Mensch gegen Computer".

Auch wenn Sie diese Situationsbeschreibung für etwas überzogen halten, kenne ich dennoch zahlreiche Geschäftsführer und Führungskräfte, die sich bewusst oder unbewusst genau in dieser Situation befinden.

Das Mailing kann nicht verschickt werden, weil der Print Server über Nacht ausgestiegen ist. Der Exchange-Server „hängt" sich von selbst auf und blockiert den gesamten E-Mail-Verkehr für einen halben Tag. Durch einen Server-Ausfall gehen die Grafikdateien aus der Werbeabteilung verloren und können nicht wiederhergestellt werden, da die Backup-Dateien fehlerhaft sind. Kommt Ihnen das alles bekannt vor?

Ich möchte an dieser Stelle nicht die einschlägigen Studien zitieren, wie viel Zeit ein Mitarbeiter durch das Nicht-Funktionieren der IT-Infrastruktur verliert. Die Zahlen sind erschreckend.

Selbstverständlich kann Ihnen auch der Cloud-Anbieter nicht garantieren, dass immer alles funktioniert – ich habe Ihnen ja einige Beispiele für Cloud-Aussetzer bereits an anderer Stelle geschildert – aber er wird alles daransetzen, dass er diesem Ziel möglichst nahekommt. Denn immerhin ist dies sein Job, immerhin ist er durch einen Vertrag und in manchen Fällen sogar ein Service Level Agreement dazu verpflichtet und immerhin ist er in der weitaus besseren Situation. Denn im Gegensatz zu Ihnen, dessen Kerngeschäft nicht im Aufrechterhalten des Betriebs einer IT-Infrastruktur besteht, verfügt er über die technischen Voraussetzungen und die Kompetenz, dies genau zu seinem Kerngeschäft zu machen. Ich selbst bin überzeugt, dass ein professioneller Cloud-Anbieter in der weitaus besseren Ausgangslage ist, einen reibungslosen Betrieb seiner Infrastruktur zu gewährleisten als Sie oder ich in unseren Unternehmen.

Sie sollten also den Punkt „Fokussierung auf das Kerngeschäft" auf jeden Fall in Ihr Kalkül einbeziehen. Immerhin sparen Sie mit einer besser funktionierenden IT-Infrastruktur Geld, das sogar wieder in die Gesamtkostenbetrachtung einfließen sollte.

Inwieweit wird der laufende Betrieb beeinträchtigt?

Ein weiterer Themenbereich, in dem Sie Vorüberlegungen anstellen sollten, wenn Sie sich mit dem Einsatz von Cloud-Computing-Lösungen in Ihrem Unternehmen beschäftigen, ist: Inwieweit wird der laufende Betrieb durch den Umstieg auf eine Cloud-basierte Lösung beeinträchtigt?

Standard- oder Speziallösung

Sollten Sie sich beispielsweise dafür entscheiden, alle Office-Arbeitsplätze in Ihrem Unternehmen durch die Microsoft Cloud-Variante Microsoft Office 365 oder die Google G-Suite zu ersetzen, dann hat diese Entscheidung sicher andere Konsequenzen für Ihr Unternehmen als wenn Sie sich dafür entscheiden, einige wenige Arbeitsplätze mit einer Spezial-Lösung auszustatten, die im Software-as-a-Service-Modell betrieben wird.

Seine besondere Stärke spielt Software-as-a-Service sicher dann aus, wenn eine Gruppe von Mitarbeitern schnell über eine bestimmte Software-Lösung verfügen soll. Gerade im Bereich Collaboration oder Projektmanagement gibt es zahlreiche Beispiele, in denen Cloud-Lösungen heute in der Regel den Vorzug vor Inhouse-Lösungen bekommen. Beispiele finden Sie bei den Anwenderberichten in Kapitel 7.

Gesamtunternehmen oder einzelne Abteilungen

Eng mit der Frage der Art der eingesetzten Applikation hängt natürlich die Frage zusammen, ob die Lösung für das gesamte Unternehmen oder nur eine einzelne Abteilung eingesetzt werden soll. Im Bereich der Office-Software wird wohl eher das erstere der Fall sein und Sie sollten sich deshalb gemeinsam mit Ihrem Cloud-Partner die Frage stellen, in welchen Schritten diese Umstellung erfolgen soll. Auf der Office 365-Kundenreferenzseite finden Sie eine ganze Reihe von Unternehmen wie die Otto Group oder die Porsche Holding, die diesen Weg gegangen sind. Auch Google kann auf eine Reihe von Referenzkunden für seine G-Suite verweisen: Colgate-Palmolive oder die Roche Group sind nur zwei davon. Fakt ist: Von einer Office-Umstellung ist am Ende das gesamte Unternehmen betroffen. Die Herausforderungen an Planung und Implementierung sind deshalb auch deutlich höher, als wenn Sie Ihrer Personalabteilung eine Cloud-Lösung für die Personalplanung spendieren.

Vorüberlegungen bei der Auswahl des Cloud Service Providers

Dieser Schritt ist sicher für die Erfolgsaussichten beim Einsatz eines Cloud-Dienstes in Ihrem Unternehmen noch entscheidender. Denn unabhängig davon, ob die Lösung, die im Cloud-Modell betrieben werden soll, Ihren Ansprüchen genügt, spielt die Frage, ob der Anbieter Ihren Ansprüchen genügt, eine weitaus wichtigere Rolle. Denn im Gegensatz zum traditionellen Lizenz- bzw. On-Premise-Modell wird die Zusammenarbeit zwischen Ihnen und dem Cloud-Anbieter in der Regel intensiver sein als die Zusammenarbeit mit einem konventionellen IT-Anbieter. Der traditionelle IT-Anbieter wird seine Lösung an Sie verkaufen. Er wird sie bei Ihnen entweder selbst installieren oder durch einen Partner installieren lassen, aber irgendwann sind Sie auf sich selbst gestellt, von regelmäßigen Wartungsarbeiten, die in einem Service-Vertrag vereinbart sind, einmal abgesehen.

Mit dem Cloud Service Provider gehen Sie aber eine Partnerschaft über die Laufzeit der Nutzung seiner Lösung ein. In dieser Partnerschaft kann es kontinuierlich zu Veränderungen der Zusammenarbeit kommen, die mit den Veränderungen bei Ihnen im Unternehmen (Expansion, Internationalisierung, neue Geschäftsfelder, etc.) aber auch beim Cloud Computing-Anbieter (Expansion, Merger, etc.) zu tun haben können. Und wenn ich auch nicht so weit gehen möchte, die Verbindung Kunde-Cloud-Anbieter mit einer Ehe zu vergleichen, so sollten Sie sich dennoch an den alten Spruch „Drum prüfe, wer sich ewig bindet" halten.

Firmengeschichte des Cloud Computing-Anbieters

In diesem Zusammenhang gibt es eine gute und eine schlechte Nachricht. Die schlechte Nachricht zuerst: Bei den meisten Cloud-Computing-Anbietern handelt es sich um junge Unternehmen. Die gute Nachricht: Die meisten heute am Markt tätigten Cloud Computing-Anbieter haben die Durststrecke nach dem Platzen der Internet-Blase überlebt oder konnten von diesen Erfahrungen profitieren.

Denn selbstverständlich sagt das Firmenalter nichts über die Qualität des angebotenen Cloud-Dienstes an. Deshalb sollten Sie sich auch davon nicht allzu sehr beeinflussen lassen.

Überlegen Sie sich vielmehr, für welche Lösung Sie sich entschieden haben und in welchem Ausmaß Cloud Computing-Anwendungen im Unternehmen eingesetzt werden sollen. Falls Sie sich nämlich für eine Branchenlösung entschieden haben, sollten Sie auf jeden Fall auf die Branchenkenntnisse des Cloud Computing-Anbieters achten, vor allem dann, wenn Sie ergänzende Dienstleistungen wie Hotline oder Training in Anspruch nehmen.

Handelt es sich dagegen bei der Lösung, die Sie im Cloud Computing-Modell einsetzen möchten, um eine Standardlösung, dann würde ich an Ihrer Stelle vor allem nach Kompetenz bei vergleichbaren IT-Projekten suchen. Denn genau auf diese Kompetenz sind Sie ja ebenfalls angewiesen.

Was die reinen Unternehmenszahlen betrifft, so hat uns bereits der Crash der „New Economy" zum Jahrtausendwechsel drastisch vor Augen geführt, dass Risikokapitalfinanzierung, Rechtsform einer Aktiengesellschaft oder gar Börsengang noch lange nichts über die wirtschaftliche und finanzielle Lage eines Unternehmens aussagen. Darüber hinaus lässt sich anhand dieser Zahlen schon lange keine Prognose für die zukünftige Entwicklung vorhersagen. Mit dem Lesen von Bilanzen und Geschäftsberichten würde ich mich also nicht lange aufhalten.

Referenzen im Cloud Computing-Umfeld

Viel „spannender" sind da schon die Referenzen, über die ein Cloud Computing-Anbieter verfügt. Lassen Sie sich von ihm ruhig einige Ansprechpartner bei Kunden nennen und nehmen Sie direkten Kontakt auf. Fragen Sie den Kunden vor allem,

- mit welchen Zielen er sich für das Cloud Computing-Betriebsmodell entschieden hat und ob diese Ziele erreicht wurden,
- in welchen Zeitrahmen die Cloud-Lösung einsatzbereit war und ob es Möglichkeiten gab, kundenspezifische Anpassungen durchzuführen,
- ob und welche Probleme bei der Implementierung und dem Betrieb auftraten, und wie sich der Cloud Computing-Anbieter in dieser Situation verhalten hat.

Wenn Sie diese Aussagen dann mit Ihrem Anforderungsprofil vergleichen und dabei Diskrepanzen feststellen, sollten Sie diese offen mit dem Cloud Computing-Anbieter ansprechen. Diskrepanz heißt ja noch lange nicht, dass Sie nicht mit diesem Anbieter zusammenarbeiten können. Er sollte aber die Einschätzung seiner Kunden über seine Leistungen kennen und im Problemfall daraus gelernt haben. In Kapitel 7 habe ich Ihnen einige Praxisberichte zusammengestellt, die Ihnen einen ersten Überblick über die

Erfahrungen geben sollen, die Anwender beim Einsatz von Cloud Computing-Lösungen gemacht haben.

Mögliche Vorgehensweise bei der Auswahl einer Cloud Computing-Lösung und eines Cloud Service Providers

Ich hoffe, Sie haben an meinen Ausführungen in diesem Kapitel erkannt, dass es die „Standard-Vorgehensweise" bei der Entscheidung für eine Cloud Computing-Lösung und der Auswahl eines Cloud Computing-Anbieters nicht gibt. Die Entscheidungskriterien hängen vielmehr von der Situation in Ihrem Unternehmen, der im Cloud Computing-Modell betriebenen IT-Lösung und dem Umfang des Gesamtprojekts ab. Dennoch möchte ich Ihnen im Folgenden eine kurze Checkliste anbieten, anhand der Sie sich in das Cloud Computing-Modell hinein „tasten" können:

1. Beginnen Sie mit einer Lösung, die Sie sich ansonsten nicht leisten können/ möchten

Ich bin der festen Überzeugung, dass der besondere „Charme" des Cloud Computing-Modells gerade für kleine und mittlere Unternehmen darin besteht, IT-Lösungen einzusetzen, die für sie bisher einfach „unerschwinglich" waren. Anstatt Geld für eine Lösung zu investieren, die sich dann in der Praxis nicht rentiert, bietet Ihnen Cloud Computing die Möglichkeit, diese Lösung kostengünstig zu „testen".

2. Beginnen Sie mit einer Lösung, die Sie nicht „rund um die Uhr" benötigen

Oft sind es gerade Projekte mit zeitlich begrenzter Dauer, bei denen der Einsatz von Cloud-Computing-Lösungen Sinn macht. Denn gerade dann ist es sinnvoll, nicht nur auf die Anwendung, sondern auch auf die IT-Infrastruktur eines Dienstleisters zu setzen, anstatt die eigene Infrastruktur umzubauen.

3. Beginnen Sie mit Cloud Computing in einem Bereich, in dem das Modell bereits eingeführt ist

Ich habe Ihnen einige Lösungsarten wie Collaboration-, CRM- oder Content Management Systeme genannt, die bereits seit längerer Zeit auch als Cloud Service angeboten werden. In diesen Bereichen verfügen Anbieter wie Anwender bereits über umfassende Erfahrungen aus der Praxis, die Kinderkrankheiten sind ausgemerzt, das Geschäftsmodell markterprobt.

4. Lassen Sie sich vom Cloud Computing-Anbieter Referenzen nennen und sprechen Sie mit diesen Kunden

Ein Cloud Computing-Anbieter, der nicht bereit ist, Ihnen einen Referenzkunden zu nennen, den Sie zu seinen Erfahrungen befragen können, ist mit Vorsicht zu genießen. Ich denke, Sie verfügen alle über genug Erfahrungen bei IT-Projekten, um zu wissen, dass es das „reibungslose IT-Projekt" nicht gibt. Dennoch ist es besser, vorher zu wissen, worauf man sich einlässt. Darüber hinaus erhalten Sie aus einem solchen Kontakt auch wichtigen Input für Ihre eigenen Vorbereitungen auf das Projekt.

5. Achten Sie darauf, wie der Anbieter mit Ihren Daten umgeht

Dies betrifft insbesondere die Bereiche Backup und Datensicherung. Klären Sie im Vorfeld, wie Sie im Falle eines Systemausfalls an Ihre Daten kommen.

Lösungskataloge und Verzeichnisse

Zum Abschluss dieses Kapitels möchte ich Sie noch auf einige Lösungskataloge und Verzeichnisse hinweisen, über die Sie sich einen Überblick über Cloud Services verschaffen können, ohne einfach nur die Google-Suche bemühen zu müssen.

Cloud-spezifische Lösungskataloge und Verzeichnisse

EuroCloud Deutschland_eco e. V.

EuroCloud Deutschland (www.eurocloud.de) bezeichnet sich selbst als Verband der deutschen Cloud Computing-Wirtschaft und ist der deutsche Vertreter im europäischen Netzwerk EuroCloud. EuroCloud Deutschland setzt sich nach eigenen Angaben für Akzeptanz und bedarfsgerechte Bereitstellung von Cloud Services am deutschen Markt ein. EuroCloud Deutschland wurde im Dezember 2009 gegründet und ist dem eco – Verband der Internetwirtschaft e. V. angegliedert.

Das Mitgliederverzeichnis von EuroCloud Deutschland bietet einen sehr guten Überblick über in Deutschland tätige Cloud Service Provider.

German Businesscloud

Die German Businesscloud (www.germanbusinesscloud.de) ist eine Initiative des Cloud Ecosystem e.V. Das Verzeichnis möchte nach eigenen Angaben für mehr Durchblick im Cloud-Dschungel sorgen und Unternehmen eine umfassende Orientierungshilfe bei der Suche nach Cloud-basierten Business-Lösungen geben. Alle Business-Anwendungen des German Businesscloud Portfolios sind durch das Cloud Ecosystem (www.cloudecosystem.org) qualitätsgeprüft und können als „On-Demand- Lösung ohne weitere Systemanpassungen über den Browser und mobile Apps sofort genutzt werden.

Initiative Cloud Services Made in Germany

Ziel der bereits im Jahr 2010 ins Leben gerufenen Initiative Cloud Services Made in Germany (www.cloud-services-made-in-germany.de) ist es, für mehr Rechtssicherheit beim Einsatz von Cloud Services zu sorgen. Aus diesem Grund wurden die folgenden Aufnahmekriterien festgelegt:

- Das Unternehmen des Cloud Service-Betreibers wurde in Deutschland gegründet und hat dort seinen Hauptsitz.

- Das Unternehmen schließt mit seinen Cloud Service-Kunden Verträge mit Service Level Agreements (SLA) nach deutschem Recht.

- Der Gerichtsstand für alle vertraglichen und juristischen Angelegenheiten liegt in Deutschland.

- Das Unternehmen stellt für Kundenanfragen einen lokal ansässigen, deutschsprachigen Service und Support zur Verfügung.

Im Lösungskatalog der Initiative Cloud Services Made in Germany sind mehr als 200 Anbieter und Lösungen vertreten.

Trusted Cloud

Das Mitte 2015 gegründete „Kompetenznetzwerk Trusted Cloud e. V." (www.trusted-cloud.de) ist laut Webseite aus dem gleichnamigen Technologieprogramm des Bundesministeriums für Wirtschaft und Energie (BMWi) hervorgegangen. Ein Ergebnis des Technologieprogramms sei die Entwicklung und Etablierung eines Gütesiegels für vertrauenswürdige Cloud Services gewesen. Für die Entwicklung des Trusted Cloud Labels wurde das Kompetenznetzwerk Trusted Cloud vom BMWi initiiert.

Wer steht hinter dem Kompetenznetzwerk? Dazu ist auf der Webseite von Trusted Cloud zu lesen „Das Kompetenznetzwerk Trusted Cloud (KN TC) ist für Anwender und Anbieter eine Plattform für die Wissensvermittlung zu Cloud-Technologien, speziell im

Rahmen der digitalen Transformation der Wirtschaft. Darüber hinaus werden Entschei-
dungshilfen für den Einsatz von Cloud-Lösungen zur Verfügung gestellt."

Allgemeine Anwendungsverzeichnisse

Darüber hinaus haben auch die klassischen IT-Lösungskataloge und Verzeichnisse Cloud
Computing mittlerweile als Betriebsmodell entdeckt und darauf reagiert, indem auch in
diesen Katalogen und Verzeichnissen nach Cloud-basierten Lösungen recherchiert werden kann. Dies verdeutlichen die beiden nachfolgenden Beispiele:

Getapp.de

GetApp (www.getapp.de) ist nach eigenen Angaben die führende Online-Ressource für
Unternehmen auf der Suche nach Business Software-Produkten. Softwarekäufer können mit den kostenlosen interaktiven Funktionen und ausführlichen Produktinformati-
onen auf GetApp mühelos und übersichtlich Produkte miteinander vergleichen. GetApp
verfolgt das Ziel, mit Recherchen, Analysen, Trends und verifizierten Nutzerbewertun-
gen alles zu bieten, was Käufer brauchen, um fundierte Entscheidungen für ihre Unternehmen zu treffen.

GetApp gehört seit 2015 zum Marktforschungsunternehmen Gartner.

Softguide

Seit 1996 betreibt die SoftGuide GmbH & Co. KG den gleichnamigen Marktplatz für Branchenlösungen und betriebliche Software im Internet (www.softguide.de). Wie auf der
Webseite zu lesen ist, wurde der Softwareführer im Jahr 2001 um eine Marktübersicht
speziell für IT-Dienstleister ergänzt.

Kapitel 6: Cloud Computing und Datenschutz

Das Thema Cloud Computing und Datenschutz beschäftigt von Anfang an Fachexperten und Fachöffentlichkeit gleichermaßen. Denn schließlich werden beim Cloud Computing Daten an Dritte (den Cloud Service Provider) übertragen und auf dessen Systemen verarbeitet. Mit dem Inkrafttreten der EU-Datenschutzgrundverordnung (DSGVO) im Mai 2018 wurde die Vorgängerregelung des Bundesdatenschutzgesetzes (BDSG) zwar abgelöst, die im BDSG zum Thema Datenschutz verankerten Regelungen wurden aber weitgehend in die DSGVO übernommen.

Wer sich intensiver mit den DSGVO-Details zum Thema Datenschutz beschäftigen möchte, der findet im Internet umfassende Informationen. Ich möchte im Folgenden auf die allgemeine Entwicklung der vergangenen Jahre beim Thema Cloud Computing und Datenschutz zu sprechen kommen und dabei insbesondere auf die Unterschiede zwischen dem Datenschutzverständnis in Deutschland/der EU und den USA eingehen. Diese Unterschiede haben immer wieder für Diskussionen gesorgt – und tun dies noch heute.

Snowden und die Cloud

Was haben die Enthüllungen des Whistleblowers Edward Snowden mit Cloud Computing zu tun? Nun, sie führten dazu, dass die deutschen Datenschutzbeauftragten im Juli 2013 die deutsche Bundesregierung und die Europäische Kommission aufforderten, die bisher für die Datenspeicherung in den USA geltende Safe Harbor-Regelung zu überprüfen und darüber hinaus bekannt gaben, dass sie bis auf weiteres keinen Datenexport in die USA unter dem Safe Harbor-Abkommen zulassen.

Safe Harbor: USA als „sicherer Hafen" für Daten

Die Safe Harbor-Regelung sah bisher vor, dass bei US-Unternehmen, die sich in einer Selbstverpflichtung bestimmten datenschutzrechtlichen Prinzipien unterwerfen und diese Selbstverpflichtung in einer Liste des US-Handelsministeriums registrieren lassen, von einem ausreichenden Datenschutzniveau auszugehen sei. Damit könne auch die rechtmäßige Übermittlung personenbezogener Daten an solche US-Unternehmen erfolgen. Im Laufe der Zeit hatten sich etwa 5.500 US-Firmen – darunter natürlich auch viele „IT- und Cloud-Größen" wie IBM, Microsoft, Amazon.com, Google, HP, Dropbox oder Facebook – in diese Liste eintragen lassen.

Der Düsseldorfer Kreis, auch Arbeitskreis Wirtschaft der Konferenz der unabhängigen Datenschutzbehörden des Bundes und der Länder, hatte bereits im April 2010 deutlich gemacht, dass sich deutsche Unternehmen, die Daten in die USA exportieren, nicht auf die Behauptung einer Safe Harbor-Zertifizierung von amerikanischen Unternehmen verlassen dürfen und forderte schon damals konkrete Mindeststandards, die gegebenenfalls auf Nachfrage auch nachgewiesen werden müssten.

Die Regelungen des als Folge der Terroranschläge vom 11. September eingeführten Patriot Act verschärften die Kritik an den Safe Harbor-Regelungen weiter. Im Rahmen des Patriot Act wurde US-Sicherheitsbehörden unter Umständen Zugriff auf die in amerikanischen Rechenzentren gespeicherten Daten gewährt, ohne dass der Dateninhaber davon in Kenntnis gesetzt werden muss. Eine Untersuchung des Unabhängigen Landeszentrums für Datenschutz kam dabei zu dem wenig schmeichelhaften Schluss, Safe Harbor sei "das Papier nicht wert, auf dem es geschrieben steht".

EuGH „kippt" Safe Harbor-Abkommen: Facebook vs. Schrems

Für einen Paukenschlag sorgte der Europäische Gerichtshof (EuGH) dann Anfang Oktober 2015 mit seinem Urteil, die Safe Harbor-Regelung generell für ungültig zu erklären.

Vorausgegangen war ein jahrelanger Rechtsstreit zwischen dem mittlerweile als Datenschutzaktivist und Autor bekannten österreichischen Juristen Max Schrems und der Firma Facebook. Den Startschuss seiner „Dauerfehde" beschreibt Schrems selbst auf seiner – mittlerweile nur noch als Archiv verfügbaren – Webseite europe-v-facebook.org: „Durch die Enthüllungen von Edward Snowden wurde klar, dass viele US-Unternehmen unsere Daten an die NSA weiterleiten. Nach dem diese Unternehmen aber (aus Steuergründen) ihre Daten über die EU in die USA exportieren fallen diese auch unter EU-Datenschutz. Im Fall dieser Unternehmen "sammelt" also rechtlich gesehen eine EU-Gesellschaft (z.B. Facebook Ireland) die Daten von EU-Bürgern und anderen weltweiten Nutzern ein und übermittelt ("exportiert") diese dann in die USA an ihr Mutterunternehmen. Eine solche "Übermittlung in ein Drittland" ("Datenexport") ist jedoch nach Art. 25 der Datenschutz-RL nur bei einem "angemessenem Schutzniveau" erlaubt. Darunter ist u.a. zu verstehen, dass Grundrechte (wie das Grundrecht auf Privatsphäre in Art. 8 EMRK) nicht verletzt werden. Als Erleichterung gibt es für den Datenexport in die USA die "Safe Harbor" Entscheidung der EU-Kommission. Nach diesem System können US-Unternehmen sich "selbstverpflichten" Datenschutzprinzipien einzuhalten und damit erleichtert Daten aus der EU importieren. Aber auch nach dem "Safe Harbor" dürfen Daten nicht für Massenüberwachung an die US-Behörden weitergegeben werden. Daher haben wir jeweils eine Anzeige gegen Facebook und Apple (beide in Irland), Skype und Microsoft (beide in Luxemburg) und Yahoo (bisher in Deutschland) eine Beschwerde bei den jeweiligen Datenschutzbehörden eingebracht."

Am 23. September 2015 gab der Generalanwalt des EuGHs bekannt, dass er das derzeitige Verfahren für den Datentransfer aus der EU in die USA für nicht zulässig hält, und stellte das Safe-Harbor-Abkommen infrage. In seinem Urteil vom 6. Oktober 2015 folgte der EuGH dieser Rechtsansicht; er erklärte das Abkommen für ungültig und die derzeitige Praxis für rechtswidrig. In einer Erklärung schrieb Schrems: „Das Urteil zeigt, dass die Massenüberwachung unsere fundamentalen Rechte verletzt." Er hoffe, dass das Urteil einen Meilenstein für die gesamte Online-Privatsphäre bedeute.

Wie laut der Paukenschlag des EuGH war, zeigte allein schon die Tatsache, dass Bundeskanzlerin Angela Merkel sich persönlich genötigt sah, zum Sachverhalt Stellung zu nehmen. Auf einer Veranstaltung Anfang November 2015 in Berlin sprach sie sich für eine "Balance zwischen Datenschutz und Datennutzung" aus. In Deutschland erwarte man, so die Kanzlerin, zu Recht einen hohen Datenschutz. In den USA und Europa gebe es in dieser Sache allerdings große kulturelle Unterschiede. Deutschland müsse darauf achten, dass die Balance zwischen vernünftigem Umgang mit großen Datenmengen und dem Datenschutz gewahrt bleibe. Denn immerhin könne die Nutzung von "Big Data" ganz neue Möglichkeiten der Wertschöpfung schaffen. Frau Merkel bezeichnete Daten in diesem Zusammenhang als den "Rohstoff des 21. Jahrhunderts".

Fast hätte man meinen können, die amerikanischen Cloud Computing-Anbieter hätten bereits etwas geahnt, denn schon vor der EuGH-Entscheidung hatten eine ganze Reihe dieser Anbieter angekündigt, nun auch in Deutschland ein Rechenzentrum zu eröffnen. "The Amazon cloud has arrived in Germany!" erklärte beispielsweise der damalige Amazon Web Services-Deutschland-Chef Martin Geier auf einer Veranstaltung im Herbst 2014 in Frankfurt und reihte sich damit ein in die Reihe anderer namhafter US-Cloud Service Provider wie Oracle oder Salesforce.com, die ebenfalls den Betrieb von Rechenzentren in Deutschland bekannt gaben, verbunden mit dem Versprechen, dass die Daten deutscher Kunden nur dort gespeichert und verarbeitet würden.

Was auf den ersten Blick als Lösung für das Safe Harbor-Dilemma erschien – die Daten werden dann ja nicht mehr nach USA exportiert, sondern bleiben datenschutzrechtlich konform in Deutschland, erwies sich auf den zweiten Blick ebenfalls als "datenschutzrechtlich schwierig". Die amerikanischen Behörden forderten nämlich bei ihren Ermittlungen nicht nur Zugriff auf Nutzerdaten in den USA, sondern auch auf Nutzerdaten, die in Rechenzentren amerikanischer Unternehmen außerhalb der USA gespeichert sind. In diesem Zusammenhang sorgte ein Rechtsstreit, den die Firma Microsoft bereits seit 2014 gegen die US-Justiz führte, für großes Aufsehen.

Zugriff von US-Behörden auf Daten in Europa: Der Fall Microsoft

Obwohl sie von US-Behörden bereits mehrfach dazu aufgefordert worden war, wehrte sich die Firma Microsoft gegen die Herausgabe von Daten eines europäischen Nutzers des Microsoft E-Mail Services. Die fraglichen Daten waren in einem Microsoft-Rechenzentrum in Dublin, also außerhalb der USA, gespeichert. Der US-District Court in Manhattan forderte vom Unternehmen nun aber die Herausgabe der Daten. "Wir glauben, dass die Mails den Nutzern gehören und nicht uns. Daher sollten dafür den gleichen Datenschutz bekommen wie ein geschriebener Brief, ungeachtet vom Speicherort", erklärte Chief Privacy Officer Brendon Lynch dazu in einem Microsoft-Blog.

Unterstützung erhielt Microsoft von der damaligen Vizepräsidentin der EU-Kommission Viviane Reding. „Die Kommission befürchtet, dass die extraterritoriale Anwendung ausländischer Gesetze (und darauf basierende gerichtliche Anweisungen gegen Unternehmen) gegen internationales Recht verstoßen und den Schutz des Einzelnen verhindern, der in der Union garantiert ist", erklärte Frau Reding damals. Für betroffene Firmen mit einer Niederlassung in der EU ergebe sich zudem ein rechtlicher Konflikt, da sie nicht nur an US-Recht, sondern auch an europäisches Recht gebunden seien, so Reding weiter. Denn laut geltendem EU-Recht hat das US-Gericht nur die Möglichkeit, über ein Rechtsbeihilfeverfahren der EU die Herausgabe der Daten zu beantragen.

Dieses wiederum berief sich auf den bereits oben erwähnten Patriot Act, der US-Gerichten die Durchsuchung von Servern von ausländischen Tochterunternehmen von US-Firmen erlaubt, auch wenn lokale Gesetze dies untersagen. Obwohl bereits seit mehr als zehn Jahren in Kraft – der Patriot Act wurde als Folge der Anschläge vom 11. September erlassen – wurden die praktischen Auswirkungen so richtig erst durch die Enthüllungen des Whistleblowers Edward Snowden öffentlich. Die Folge war ein deutlicher Vertrauensverlust amerikanischer IT-Unternehmen bei europäischen Kunden. So forderte die Bundesregierung bereits seit April 2014 von IT-Unternehmen, die Aufträge von ihr haben möchten, eine No-Spy-Garantie, d.h. eine Bestätigung, dass sie keine Daten an

Geheimdienste oder andere ausländische Behörden weitergeben. Wie das Beispiel Microsoft zeigte, war dies insbesondere für US-Anbieter vor dem Hintergrund des Patriot Act schwierig bis unmöglich. Besonders „schädlich" war die Diskussion natürlich für den Bereich Cloud Computing, bei dem Nutzerdaten zentral auf Servern und in Rechenzentren des Cloud Service Providers gespeichert sind. Damit befand sich jeder amerikanische Cloud Service Provider ebenfalls im „Microsoft-Dilemma".

Und so war es kein Wunder, dass Microsoft bei seinem Kampf gegen die US-Justiz prominente Unterstützung von Unternehmen wie Apple, AT&T, Cisco oder Verizon erhielt. Für diese Unternehmen, die ebenfalls im Cloud Computing ihr zukünftiges Geschäftsmodell sahen, war die Diskussion ein herber Rückschlag und mit dem Risiko erheblicher Umsatzeinbußen verbunden.

Ringen um den Datenschutz zwischen Microsoft und US-Justiz geht in Runde zwei

In einer weiteren Gerichtsverhandlung vor dem Second Circuit Court of Appeals im September 2015 setzte Microsoft sich ein weiteres Mal zu Wehr, US-Behörden Zugriff auf Anwenderdaten zu gewähren, die außerhalb der USA gespeichert sind. Microsoft warnte laut Beobachtern der Verhandlung vor einem „internationalen Feuersturm", wenn dieser Fall Schule mache.

Wie die Zeitschrift Guardian berichtete, erklärte Microsoft-Justiziar Joshua Rosenkranz in der Verhandlung: "We would go crazy if China did this to us", auf gut deutsch „Wir würden verrückt werden, wenn die Chinesen dies mit uns machen würden."

Die Gegenseite, das US-Justizministerium, hielt dagegen, dass die Regierung das Recht habe, die E-Mails von jeder Person auf der Welt anzufordern, solange nur deren E-Mail-Anbieter sein Hauptquartier innerhalb der US-Grenzen habe.

Der vorsitzende Richter Gerard Lynch erklärte laut Irish Times, "es wäre hilfreich, wenn der Kongress die Gesetzgebung in puncto Speicherung von E-Mails und Online-Daten-

schutz aktualisieren würde, ließ dabei aber gleichzeitig durchblicken, dass er nicht zeitnah entsprechende Änderungen aus Washington erwarte." Microsoft hatte zuvor allerdings behauptet, dass etliche Abgeordnete einen entsprechenden Gesetzentwurf unterstützen würden.

Richter Lynch zeigte sich laut Guardian darüber hinaus überrascht, dass es in der US-
Rechtsprechung so wenige Vorschriften gebe, was ein Service Provider wie Microsoft
mit den E-Mails seiner Kunden anstellt. Auf seine Frage, ob es für Microsoft möglich
wäre, alle E-Mails in ein Land ohne Datenschutzauflagen zu verlegen und sie dann an
das amerikanische Boulevard-Magazin „National Equirer" zur Veröffentlichung weiter-
zugeben, musste Microsoft-Anwalt Rosenkranz zugestehen, dass dies rechtlich möglich
sei. ("Unser Geschäftsmodell würde sich dann in Luft auflösen", erklärte er als Antwort
auf eine ähnliche Frage zu einem früheren Zeitpunkt in der Anhörung).

Auslöser für einen "Firestorm": US-Anbieter fürchten Wettbewerbsnachteil

Laut Irish Times hatten mehr als zwei Dutzend Unternehmen – darunter Apple und Verizon so genannte „Friends of the Court"-Dokumente (amicus briefs) eingereicht, um
Microsoft bei der Verhandlung zu unterstützen. Die Gründe für dieses Verhalten lagen
auf der Hand. Es sollte auf jeden Fall verhindert werden, dass ein Präzedenzfall für die
weitere Vorgehensweise von US-Behörden geschaffen wird, die den Datenschutz komplett umgeht. Denn dies würde bedeuten, dass die in Rechenzentren US-amerikanischer
Cloud Anbieter gespeicherten Daten nicht vor dem behördlichen Zugriff geschützt sind,
selbst wenn sich diese in Rechenzentren außerhalb der USA in einem Land wie z.B.
Deutschland befinden, dessen Datenschutzgesetze diesen Zugriff nicht erlauben.

Die als vertrauensbildende Maßnahme für deutsche Cloud Computing-Kunden gedach-
ten Ankündigungen amerikanischer Cloud Service Provider wie Oracle oder Amazon
AWS, nun auch in Deutschland ein Rechenzentrum zu betreiben, würden damit ebenfalls
ins Leere laufen.

Der EU-US-Privacy Shield: Die Nachfolgeregelung

Als Nachfolgeregelung für das vom EuGH gekippte Safe Harbor-Abkommen wurde im Februar 2016 der so genannten EU-US-Privacy Shield zwischen der Europäischen Union und den USA vereinbart. Bereits der erste Entwurf hatte für heftige Diskussionen gesorgt.

Allein schon die Tatsache, dass die Einigung erst am Abend des 2. Februar 2016 – zwei Tage nach Ablauf der von europäischen Datenschutzbehörden gesetzten Frist – vorgestellt wurde, ließ vermuten, dass da eine Vereinbarung ‚mit heißer Nadel gestrickt' worden war. Die wichtigsten Fakten im Überblick:

- Das amerikanische Handelsministerium überwacht den Schutz der Daten europäischer Bürger und sanktioniert entsprechende Verstöße gegen den Datenschutz.
- Die Zusammenarbeit mit europäischen Datenschutzbehörden wird ausgebaut.
- Die USA verpflichtet sich, dass die Möglichkeiten für Behörden, sich nach US-Recht Zugang zu personenbezogenen Daten zu verschaffen, auf klaren Voraussetzungen, Beschränkungen und Kontrollen basieren und dass damit ein allgemeiner Zugang verhindert wird.
- Europäer haben die Möglichkeit, sich für Anfragen und Beschwerden in diesem Zusammen-hang an einen noch zu bestimmenden Ombudsmann zu wenden.

Die ersten Reaktionen auf die Einigung fielen dann wie erwartet sehr unterschiedlich aus: Zustimmung von politischer und Verbandsseite, Skepsis und Ablehnung von Seiten derer, die den „laxen" Umgang mit dem Thema Datenschutz in den USA schon vorher angeprangert hatten.

So erklärte auf der einen Seite EU-Justizkommissarin Vera Jourova: "Dieses neue Abkommen schützt die Grundrechte der Europäer und bedeutet Rechtssicherheit für Unternehmen". Oliver Süme, eco-Vorstand für Politik & Recht, kommentierte die Einigung zwischen EU und USA: "Die Übereinkunft des sogenannten EU-US Privacy Shields zwischen EU-Kommission und den USA ist ein wichtiger Schritt für eine Nachfolgeregelung zum Safe-Harbor Abkommen. Entscheidend ist jetzt eine verbindliche und tragfähige Regelung für die Zukunft, die den Unternehmen Rechtssicherheit garantiert".

Jan Philipp Albrecht, Minister für Energiewende, Landwirtschaft, Umwelt, Natur und Digitalisierung des Landes Schleswig-Holstein und zum damaligen Zeitpunkt noch Datenschutz-Experte der Grünen im EU-Parlament, bezeichnete in einer ersten Reaktion die Neuregelung dagegen als "Witz". Die EU-Kommission verkaufe genau jene Grundrechte, die sie zu schützen vorgebe und riskiere damit, abermals von den Gerichten gemaßregelt zu werden. Albrecht erklärte: "Der Vorschlag der Kommission, eine Ombudsperson einzusetzen, die Beschwerden von EU-Bürgern gegenüber US-Geheimdiensten bewertet, ist unausgegoren und sorgt nicht für den vom EuGH eingeforderten, effektiven Rechtsschutz". Und auch der österreichische Datenschutzaktivist Max Schrems, der mit seiner Klage gegen Facebook das Safe Harbor-Abkommen letztendlich zu Fall gebracht hatte, rechnete schon damals mit einer erneuten Klage gegen „Safe Harbor 2.0" – wenn die endgültige Vereinbarung dann irgendwann einmal vorliegt.

Genau dies geschah dann am 12. Juli 2016. An diesem Tag wurde der EU-US-Privacy Shield durch die Europäische Kommission formell verabschiedet. Vorausgegangen war die offizielle Zustimmung der sogenannten Art. 31-Gruppe der 28 EU-Mitgliedstaaten am 8. Juli 2016. Doch auch die offizielle Ratifizierung stieß bei Datenschutzaktivisten, allen voran Max Schrems, auf wenig Gegenliebe. Er kommentierte: ""Es ist besorgniserregend, dass eigentlich ziemlich blank das Urteil des EuGHs ignoriert wird".

Und so ist es kein Wunder, dass die juristische Diskussion über den EU-US-Datenschutzschild bis heute anhält. Im Juli 2019 gab es eine erneute Anhörung vor dem EuGH. Zum einen geht es um eine erneute Klage von Herrn Schrems (Schrems II), zum anderen hat auch die französische Organisation „La Quadrature du Net" Klage eingereicht und Verstöße gegen die Charta der Grundrechte der Europäischen Union geltend gemacht.

Beobachter gehen noch immer davon aus, dass der Gerichtshof die Regelung kippen könnte. Ein weiterer Grund neben der bereits erwähnten, von Anfang an kritisierten „Schwächen" der Vereinbarung ist eine Regelung, die 2018 in Kraft trat und für zusätzlichen Diskussionsstoff sorgte: Der Clarifying Lawful Overseas Use of Data (kurz: CLOUD) Act.

CLOUD Act: Und dann kam Trump

Schneller als von vielen Marktbeobachtern erwartet – und trotz aller Bitten und Warnungen – setzte dieser Ende März 2018 nämlich seine Unterschrift unter den Clarifying Lawful Overseas Use of Data (CLOUD) Act. Nach dem neuen Gesetz sind amerikanische Internet-Unternehmen, also auch Cloud Service Provider aus den USA, dazu verpflichtet, amerikanischen Sicherheitsbehörden Zugriff auf Nutzerdaten zu ermöglichen, die außerhalb der USA gespeichert sind.

Rechtsexperten sahen in der neuen Regelung von Anfang an eine klare Konfrontation zu der zum damaligen Zeitpunkt noch nicht einmal in Kraft getretenen EU-Datenschutzgrundverordnung (DSGVO) – sie trat erst am 25 Mai 2018 in Kraft. Diese räumt seit ihrem Inkrafttreten dem Schutz personenbezogener Daten von EU-Bürgern höchste Priorität ein und untersagt genau den im CLOUD Act geregelten Zugriff auf Nutzerdaten, ohne dass der Nutzer informiert wird. Gegen die DSGVO-Regelungen verstößt darüber hinaus die Regelung im CLOUD Act, dass der Betroffene nicht die Möglichkeit hat, sich gegen den Zugriff zu wehren. Ein Einspruchsrecht liegt lediglich beim amerikanischen Cloud Service Provider.

Wie bereits oben erwähnt wirkte sich das neue US-Gesetz auch auf die Beurteilung des bereits geltenden EU-US-Privacy Shield aus. Auf der Grundlage dieser Regelung konnten Daten aus der EU an US-Unternehmen, die dem EU-US-Privacy Shield beigetreten waren, übermittelt werden, da das Datenschutzniveau mit der Regelung dem Niveau der EU angeglichen wurde. Inwieweit das amerikanische Datenschutzniveau nach Verabschiedung des CLOUD Act noch dem EU-Datenschutzniveau entspricht, ist auch heute unklar.

Auf amerikanischer Seite wird man nicht müde, zu betonen, dass die neuen Gesetze ausschließlich dazu dienen, den Kampf gegen das internationale Verbrechen zu gewinnen. Auf europäischer Seite scheint man zumindest von der Geschwindigkeit, mit der mit der Verabschiedung des CLOUD Act Fakten geschaffen wurden, überrascht worden zu sein.

Und was ist mit dem Microsoft-Verfahren?

Sie erinnern sich noch an den Rechtsstreit zwischen Microsoft und der amerikanischen Justiz über die Herausgabe von Nutzerdaten, die auf Servern gespeichert sind, die sich außerhalb der USA befinden? Mit der Verabschiedung des CLOUD Act nahm auch dieses Verfahren eine – von vielen Beobachtern vielleicht unerwartete – Wendung: Es wurde eingestellt!

Im April 2018 fällte der US Supreme Court, das höchste Gericht der USA, die Entscheidung, das Verfahren einzustellen. Begründung der Richter: Aus ihrer Sicht besteht überhaupt kein Konflikt mehr, denn mit dem CLOUD Act wurde Ende März ein Gesetz verabschiedet, das sich nach Ansicht des Gerichts auf den Streitfall anwenden lässt. Denn damit ist Microsoft nun gesetzlich verpflichtet, die Daten herauszugeben.

Reaktion der betroffenen Cloud-Unternehmen: Sie begrüßten die Entscheidung (nun doch). Nochmals zur Erinnerung: Noch wenige Jahre zuvor hatten mehr als zwei Dutzend Unternehmen – darunter Apple und Verizon so genannte „Friends of the Court"-Dokumente (amicus briefs) eingereicht, um Microsoft bei dem Verfahren zu unterstützen.

Microsofts Chefjustiziar Brad Smith erklärte in einer Stellungnahme laut Spiegel Online, dass er "die Entscheidung des Supreme Court begrüße, dass es sich dem Fall angesichts des ‚CLOUD Act' nicht weiter widmet. Microsofts Ziele in dem Rechtsstreit seien schon immer ein neues Gesetz sowie internationale Vereinbarungen mit strengem Datenschutz gewesen, die regeln, wie Strafverfolger digitale Beweise über Grenzen hinweg sammeln". Im Laufe des Verfahrens hatte dies noch ganz anders geklungen. Noch 2015 wurde der damalige mit dem Fall betraute Microsoft-Justiziar Joshua Rosenkranz in der Verhandlung wie bereits erwähnt mit den Worten zitiert: "We would go crazy if China did this to us", auf gut deutsch "Wir würden verrückt werden, wenn die Chinesen dies mit uns machen würden."

CLOUD Act vs. DSGVO: Ein Jurist klärt auf

Wahrscheinlich geht es Ihnen nach der Lektüre der letzten Seiten ähnlich wie mir. Ich versuche seit Jahren, mich beim Thema Datenschutz und Cloud Computing auf dem Laufenden zu halten – und das ist gar nicht so einfach, zumal wenn man wie ich nur ein interessierter Marktbeobachter und kein Jurist ist. Was ich allerdings glaube verstanden zu haben, ist: CLOUD Act und DSGVO passen irgendwie nicht zusammen. Mehr noch: Bei der Frage, wie mit Nutzerdaten umzugehen ist und ob diese an Behörden herausgegeben werden müssen, widersprechen sie sich sogar.

Was macht man aber, wenn man keinen Ausweg im Paragraphendschungel mehr sieht? Man fragt jemanden, der sich damit auskennt. Und genau das habe ich getan und mich im Herbst 2019 mit Rechtsanwalt Christian Solmecke zum Interview für den Cloud Computing Report-Podcast getroffen. Den meisten von Ihnen wird Herr Solmecke wahrscheinlich wegen seines erfolgreichen YouTube-Kanals „Kanzlei WBS" bekannt sein. Darüber hinaus ist er aber auch anerkannter Rechtsexperte für die Bereiche Medien- und Internet-Recht und deshalb auch ein kompetenter Gesprächspartner für das Thema Datenschutz und Cloud Computing.

Auf die unterschiedlichen Regelungen in CLOUD Act, EU-US Privacy Shield und DSGVO befragt, erklärt Herr Solmecke im Interview: „Man sagt [beim Privacy Shield] einerseits, hier wird weitgehend die Sicherheit der europäischen Daten gewährleistet, auf der anderen Seite sagt man [bei CLOUD Act], der Staat darf unbegrenzt auf die Daten zugreifen, das ist etwas, was für mich nicht passt. Jetzt bin ich gespannt, was die beiden aktuellen Verfahren vor dem EuGH, Max Schrems II und La Quadrature du Net, ergeben werden."

Eine ausführlichere Zusammenfassung des Interviews mit Herr Solmecke finden Sie in Kapitel 8.

Kapital 7: Cloud Computing in der Praxis – Beispiele für den Einsatz von Cloud Computing-Lösungen in der Praxis

Ein Beispiel sagt mehr als tausend Worte – getreu diesem Motto habe ich einige Praxis-beispiele für den Einsatz unterschiedlichster Cloud Computing-Lösungen zusammenge-tragen. Einige davon stammen aus Band 2 der Schriftenreihe der Initiative Cloud Services Made in Germany. Der Band wird vierteljährlich aktualisiert und steht kostenlos zum Download auf der Webseite der Initiative Cloud Services Made in Germany (www.cloud-services-made-in-germany.de/band2) zur Verfügung. Die Beispiele wurden von mir mit dem Ziel ausgewählt, Ihnen einen Eindruck zu vermitteln, wie vielfältig die Einsatzberei-che mittlerweile sind, dass es generell für Unternehmen beliebiger Größe und Branche Sinn macht, sich mit dem Thema Cloud Computing auseinanderzusetzen und dass es in Deutschland mittlerweile ein breites Spektrum an Cloud Computing-Lösungen gibt. Los geht's mit finleap, einem Fintech-Inkubator – aber lesen Sie selbst.

finleap: Automatisierter Prozess von der Zeiterfassung bis zur Zeit-abrechnung mit Cloud-Software ZEP

finleap ist Europas führendes Fintech-Ökosystem mit Sitz in Berlin und Büros in Ham-burg, Mailand, Madrid und Paris. finleap bietet Fintech-Saas-Lösungen für verschiedene Unternehmen an und baut eigenständige Fintech-Unternehmen. Seit seiner Gründung 2014 hat finleap bereits 17 Unternehmen mit seiner Infrastruktur entwickelt und wei-tere durch Akquisitionen in sein Ökosystem hinzugefügt. Dazu gehören bekannte

Unternehmen wie die solarisBank, der Versicherer ELEMENT, und der Inkasso-Spezialist PAIR Finance. Für die Erfassung und Abrechnung seiner geleisteten Projektarbeiten setzt finleap auf die cloudbasierte Software-Lösung ZEP der Firma provantis IT-Solutions.

Software-Implementierung als „Premierenprojekt"

Seit Ende 2017 ist Adina Constantin für das Finance-Team bei finleap tätig. Gleich als erstes Projekt bei ihrem Einstieg beim Fintech-Inkubator wurde sie mit der Einführung von ZEP als Softwarelösung für Zeiterfassung und Zeitabrechnung beauftragt. Sie erinnert sich: „In der Vergangenheit hatten die Kollegen mit der Zeiterfassungslösung eines amerikanischen Herstellers gearbeitet, war damit aber nicht sehr zufrieden." Aus diesem Grund sah man sich nach einer Alternative um, testete mehrere Tools und entschied sich letztendlich für ZEP. ZEP steht für **Zeit**Erfassung für **P**rojekte. Die webbasierte Lösung ist bereits seit dem Jahr 2000 auf dem Markt und bietet projektorientierten Unternehmen eine Komplettlösung für die Bereiche Zeiterfassung und -nachweis, Reisekosten, Projektmanagement und -Controlling sowie Faktura.

Bei finleap kommt ZEP im Rahmen der Betreuung neuer Firmengründungen zum Einsatz. Seit 2014 wurde mehr als ein Dutzend Fintech-Firmen gegründet. „Im Rahmen dieser Gründungen erbringt finleap eine ganze Reihe unterschiedlicher Projekt- und Beratungsleistungen, die diesen Unternehmen dann natürlich auch in Rechnung gestellt werden müssen," erläutert Frau Constantin den Einsatz von ZEP in der täglichen Praxis. Darüber hinaus steht finleap auch nach der Gründung weitere Projektleistungen für die Portfolio-Unternehmen. Auch dafür ist eine zeitnahe, präzise und projektbezogene Abrechnung erforderlich.

Mobile Apps und Faktura-Modul

Während Frau Constantin hauptsächlich von ihrem Arbeitsplatz über die webbasierte Benutzeroberfläche auf ZEP zugreift, setzen die Kollegen in den einzelnen Projekten in der Regel auf die für alle gängigen Betriebssysteme (iOS, Android) verfügbaren mobilen Apps von ZEP ein. Sie sind so in der Lage, bereits vor Ort beim Kunden oder auf Reisen ihre Projektzeiten minutengenau zu erfassen und dem entsprechenden Projektkunden zuzuordnen. Sobald die Daten erfasst sind, stehen sie dann für Frau Constantin im System zur Abrechnung zur Verfügung.

Dafür nutzt Frau Constantin das optional verfügbare Faktura-Modul von ZEP. Das Modul greift für die Abrechnung direkt auf die in der ZEP-Zeiterfassung abgelegten Daten zu, verknüpft diese mit den in ZEP hinterlegten Zahlungsmodalitäten (Stundensätze, Zahlungsfristen, etc.) und erstellt automatisch eine Rechnung, die dann nur noch ausgedruckt, bzw. per E-Mail versendet werden muss. Frau Constantin bestätigt: „Die automatische Übernahme der Daten aus der Zeiterfassung in die Faktura ist für uns ein großer Vorteil: Der automatisierte Workflow in ZEP ist viel schneller als eine manuelle Übernahme. Darüber hinaus werden Eingabefehler vermieden, die Daten sind stets auf dem neuesten Stand."

Automatischer Export in Microsoft Dynamics NAV (Navision)

Der automatisierte Workflow endet aber nicht bei der Rechnungsstellung. Über eine von ZEP zur Verfügung gestellte Schnittstelle können die Rechnungsdaten direkt in Microsoft Dynamics NAV (Navision) übernommen werden. Die Lösung wird bei finleap für die Finanzbuchhaltung verwendet, die von einem externen Steuerberater verwaltet wird. „Wir erfassen in ZEP vielfältige Projektinformationen und -daten wie z.B. Kostenstellen oder Kostenträger, die wir natürlich auch in die Finanzbuchhaltung übernehmen möchten. Dank ZEP-Schnittstelle ist dies ohne zusätzlichen Aufwand möglich", freut sich Adina Constantin.

Betriebsmodell Cloud Computing

Beim Betriebsmodell kann ZEP sowohl im Inhouse-Betrieb beim Kunden installiert oder von diesem als Cloud Service genutzt werden. finleap entschied sich für letzteres und greift deshalb via Internet auf die cloud-basierte Softwarevariante von ZEP zu. Diese wird in einem ISO 27001-zertifizierten Hochleistungsrechenzentrum in Deutschland betrieben. Grundlage für die Nutzung ist ein jederzeit zum Monatsende kündbarer Online-Nutzungsvertrag sowie ein Vertrag zur Auftragsverarbeitung nach Datenschutz-Grundverordnung (DSGVO). Die Abrechnung erfolgt nutzungsbasiert je Anwender und Monat.

ZEP: Anwenderfreundlich, modular, flexibel

Bereits seit Ende 2017 ist ZEP bei finleap im Einsatz. Derzeit nutzen ca. 100 Mitarbeiter die Lösung „ZEP bietet eine große Funktionsvielfalt und ist sehr benutzerfreundlich", fasst Adina Constantin die bisherigen Erfahrungen mit ZEP zusammen. „Besonders toll finde ich die Möglichkeit, dass man die einzelnen Module einfach auf Knopfdruck testen und danach frei entscheiden kann, ob man sie weiter nutzt oder nicht."

Rosenberger Gruppe nutzt virtuellen Datenraum von netfiles als Plattform zum weltweiten Dokumentenaustausch

Die Firma Rosenberger ist ein weltweit führender Hersteller von Verbindungslösungen in der Hochfrequenz- und Fiber-Optik-Technologie. Zu den Kunden des Unternehmens mit Firmenzentrale im bayrischen Fridolfing zählen namhafte Unternehmen aus Mobil- und Telekommunikation, Datentechnik, Medizinelektronik, Industrielle Messtechnik, Automobil-Elektronik und Elektromobilität. Der Bereich "Präzisionsfertigung" von Rosenberger genießt als Zulieferer von Einzelteilen für technisch anspruchsvolle Geräte und Anlagen weltweit hohes Ansehen. Rosenberger beschäftigt weltweit 8 500 Mitarbeiter am Hauptsitz in Deutschland, den Fertigungs- und Montage-Standorten sowie den Vertriebsniederlassungen in Europa, Asien sowie Nord- und Südamerika. Für den Austausch von Dokumenten zwischen den einzelnen Standorten der Firmengruppe sowie mit Kunden und Geschäftspartnern auf der ganzen Welt setzt Rosenberger die virtuelle Datenraumlösung netfiles des gleichnamigen Anbieters ein.

Dokumentenaustausch in einem internationalen Unternehmen: Datensicherheit und große Dateien als Herausforderung

Für ein international tätiges Unternehmen wie Rosenberger spielt der reibungslose Austausch von Dokumenten eine zentrale Rolle im täglichen Business. Allerdings gehört es auch zum Alltag eines international tätigen Unternehmens, dass es im Laufe der Zeit aufgrund der unterschiedlichen Anforderungen zu diversen „Insellösungen" kommt.

„Die Mitarbeiter der Firmenzentrale hier in Fridolfing können über ein lokales Netzwerk auf Dokumente und Unterlagen zugreifen. Alle anderen Standorte und Tochterunternehmen benötigen dafür eine entsprechende Softwarelösung", beschreibt Edwin Andrasch die Situation bis zum Jahr 2016. Herr Andrasch gehört zum IT Business Application Service Team und ist gemeinsam mit seinen Kollegen verantwortlich für die Bereitstellung von Software-Anwendungen, wie z.B. dem ERP-System. In der Regel nutzten

133

die meisten Rosenberger Mitarbeiter in der Vergangenheit die klassische E-Mail für die Übertragung von Dokumenten und Unterlagen, stießen dabei aber immer häufiger an ihre Grenzen. Edwin Andrasch erläutert: „Gerade die Übertragung großer Dokumente wie zum Beispiel CAD-Zeichnungen ist aufgrund der bestehenden Volumenbeschränkungen beim Versand von E-Mail-Anhängen – sei es bei uns oder beim Kunden – immer eine Herausforderung und sorgte immer häufiger für Schwierigkeiten beim Dokumentenaustausch." Darüber hinaus handelt es sich bei einigen der Dokumente um vertrauliche Unterlagen, so dass das Thema Datenschutz und Datensicherheit in den Fokus rückte. „Ziel war es, ein Tool zu finden, dass eine sichere Übertragung selbst großer Dokumente ermöglicht und ein Maximum an Flexibilität – Stichwort Mobilität – beim Zugriff auf die Dokumente ermöglicht." Natürlich gab es auch die Anforderung, die unterschiedlichen im Unternehmen eingesetzten Insellösungen zu einer einzigen übergreifenden Plattform zu konsolidieren. Aufgrund einer Empfehlung erfuhr Edwin Andrasch dann im Jahr 2016 von der Firma netfiles und deren gleichnamige Datenraum Lösung.

Einsatz des virtuellen Datenraums von netfiles

Die im Cloud-Computing Modell angebotene Lösung bietet einen virtuellen Datenraum für den standortübergreifenden Datenaustausch und die sichere Bereitstellung hochvertraulicher Dokumente, beispielsweise Geschäftszahlen, technische Zeichnungen, Vertragsunterlagen, etc. Die Lösung funktioniert über jeden konventionellen Internet-Browser, ohne dass eine Software installiert werden muss. Sowohl der Up- und Download, als auch die Ablage von Dateien in netfiles erfolgt verschlüsselt. Detaillierte Zugriffsrechte regeln, welche Benutzergruppen welche Dokumente sehen, herunterladen und bearbeiten dürfen. Die netfiles Server stehen in zwei unterschiedlichen Hochsicherheitsrechenzentren mit umfassenden Sicherheitssystemen in Deutschland. Die IT-Sicherheitsverfahren wurden vom TÜV Süd nach ISO/IEC 27001 zertifiziert. Als in Deutschland ansässiger Anbieter unterliegt das Unternehmen den strengen Auflagen des

Bundesdatenschutzgesetzes (BDSG) und ab Mai 2018 der EU-Datenschutzgrundverordnung (DSGVO).

Nach einer umfassenden Testphase entschied sich Rosenberger netfiles für die gesamte Firmengruppe einzusetzen. Die lokale Datenablage in der Firmenzentrale besteht zwar weiter, jedoch nutzen alle anderen Standorte und Tochterfirmen netfiles für den Dokumentenaustausch. Darüber hinaus wird die Lösung auch für den Austausch von Dokumenten mit externen Kunden eingesetzt. Rosenberger nutzt bei Bedarf die Managed File Transfer-Funktion von netfiles. Mit dieser Funktion können Dateien ohne Aufwand auch sicher an Externe außerhalb des Datenraums versendet werden. „Der Empfänger erhält einfach eine E-Mail mit einem entsprechenden Link, über den er auf das Dokument zugreifen kann, ohne dass er sich in den Datenraum einloggen muss. Der Versender wiederum kann kontrollieren, dass auch tatsächlich nur der Empfänger auf das Dokument zugreifen kann, dem er diesen Zugriff ermöglichen möchte", beschreibt Edwin Andrasch.

Er erklärt weiter: „netfiles entspricht mit seinem Lösungsumfang genau den von uns festgelegten Anforderungen." Darüber hinaus ist die Lösung sehr benutzerfreundlich. Die Anwender – Rosenberger Mitarbeiter oder externe Kunden/Geschäftspartner – müssen nichts installieren, sondern greifen einfach über den Webbrowser auf ihre Dokumente und Unterlagen zu. Der Dokumentenzugriff ist in einem Internetcafe in Indien genauso möglich wie unterwegs über Smartphone, Tablet, iPad-App oder im Büro über den PC."

Entscheidung für Cloud-Computing Modell

Die Tatsache, dass netfiles ausschließlich im Cloud-Computing Modell angeboten wird, war für Rosenberger ein wichtiges Entscheidungskriterium: Edwin Andrasch erklärt: „Selbstverständlich wären wir in der Lage gewesen eine solche Lösung auch, wie man so schön sagt, mit Bordmitteln unternehmensintern zu betreiben. Allerdings war das von netfiles angebotene Gesamtpaket – inklusive Cloud-Computing Betriebsmodell – so attraktiv, dass wir uns entschieden dieses Angebot anzunehmen." Die mit dem Cloud-Betrieb verbundenen Fragen in Bezug auf den Datenschutz und das Einhalten datenschutzrechtlicher Vorgaben wurden im Vorfeld von den Datenschutzexperten in der Rosenberger Rechtsabteilung geprüft. Letztendlich gab es auch von dieser Seite „grünes Licht" und so stand einem Einsatz von netfiles nichts mehr im Weg.

Kunden stehen im Mittelpunkt der Weiterentwicklung von netfiles

Die bisherigen Erfahrungen mit netfiles im täglichen Einsatz bei Rosenberger bestätigen, dass die Entscheidung richtig war. „netfiles erfüllt tagtäglich alle unsere Erwartungen und Anforderungen an ein leistungsfähiges und flexibles Tool zum sicheren Austausch selbst großer Dateien und Dokumente", bestätigt Edwin Andrasch. Ein besonderes Lob stellt der IT-Experte dem Support von netfiles aus: „Alle Fragen und Anpassungswünsche wurden und werden umfassend und sehr schnell beantwortet und uns steht stets ein kompetenter Ansprechpartner auf netfiles-Seite zur Verfügung."

Mehr noch: netfiles beteiligt alle seine Kunden aktiv an der Weiterentwicklung der Lösung. Deshalb ist es auch kein reines „Lippenbekenntnis", wenn netfiles-Geschäftsführer Thomas Krempl bei der Vorstellung der neuesten netfiles-Version erklärt: „Bei der Weiterentwicklung von netfiles steht der Anwender bzw. Interessent mit seinen Anforderungen aus der Praxis im Mittelpunkt. Nicht wir am grünen Tisch entscheiden über neue Funktionen und deren Umsetzung oder Verbesserungen, sondern der Kunde." Edwin Andrasch: „Diese Aussage kann ich aus unserer eigenen Erfahrung mit netfiles voll und ganz bestätigen!"

Techem: Bewerben übers Web

Es sind vor allem zwei Faktoren, die das Internet zum langfristigen Leitmedium machen, dessen Gesetzmäßigkeiten sowohl auf die privaten als auch die beruflichen Aspekte der Alltagsgestaltung Einfluss nehmen. Neben der Geschwindigkeit, mit der das Internet Informationen zur Verfügung stellt und verbreitet ist es die Interaktivität, die auch das Schlagwort vom Web 2.0 geprägt hat. Die Vernetzung von Menschen im Rahmen von sozialen Netzwerken wie XING, Wer-kennt-wen oder Facebook hat die Zahl der möglichen Sozialkontakte und Kommunikationskanäle nahezu unüberschaubar gemacht. Dies wirkt sich unmittelbar auf den Wettbewerb bei der Rekrutierung neuer Mitarbeiter aus. Bewerberinnen und Bewerber sind heutzutage extrem gut informiert und treten den Personalverantwortlichen in diesem Aspekt praktisch auf Augenhöhe gegenüber. Für den Energiemanager Techem ist die Ausgangslage seiner Personalpolitik durchaus anspruchsvoll. Das Unternehmen aus Eschborn bei Frankfurt ist mit weltweit rund 3.000 Mitarbeitern in mehr als 20 Ländern tätig und erwirtschaftet einen Jahresumsatz von rund 700 Millionen Euro. Techem will seine Stellung als führender deutscher Energiemanager ausbauen und auch international weiter wachsen, wodurch ein kontinuierlicher Bedarf an neuen und gut ausgebildeten Fachkräften entsteht. Das Instrument Web 2.0 nutzt das Unternehmen Techem schon lange, wenn es beispielsweise auf großen Online-Stellenbörsen wie Stepstone oder Monster Stellenanzeigen platziert. Nun sollte im nächsten Schritt eine Bewerbung über das Internet so einfach gestaltet werden, dass die Akzeptanz bei Bewerbern vom ersten Klick an groß wird. Gleichzeitig sollte das Verfahren aber auch einer Reihe von internen Anforderungen genügen. Es stand vor allem die gute Anwendbarkeit für alle Beteiligten im Vordergrund. Das System sollte Entlastung für die Fachbereiche, die sowohl in der Zentrale in Eschborn als auch regional in ganz Deutschland angesiedelt sind, schaffen und intuitiv bedienbar sein.

Status der Bewerbung online verfolgen

Vor diesem Hintergrund wurde schließlich das komplette Bewerbungsverfahren webbasiert konzipiert. Bei Techem werden alle Online-Stellenanzeigen mit Links versehen, die mit dem Bewerbermanagement-System vernetzt sind. Der Bewerber hat die Möglichkeit, innerhalb von zehn Minuten alle für die Bewerbung relevanten Angaben zu tätigen und Dateianhänge anzufügen. Nachdem die Resonanz der externen Bewerber durchweg positiv war, hat Techem das Onlinebewerbungsverfahren auch intern angebunden und wickelt nun auch alle internen Bewerbungen über dieses System ab. Die Vorteile für interne und externe Bewerber liegen auf der Hand: Auf seine Bewerbung erhält der Bewerber bereits innerhalb der ersten 24 Stunden eine nicht-automatisierte, aber dennoch standardisierte Eingangsbestätigung per E-Mail. Diese E-Mail wird von Mitarbeitern der Personalabteilung in dem Moment ausgelöst, in dem die Bewerbung geöffnet und gelesen wird. Der Bewerber hat es also mit einem echten Ansprechpartner und nicht mit einem Softwareprogramm zu tun – und bekommt gleichzeitig die Garantie, dass seine Unterlagen tatsächlich gesichtet wurden. Im nächsten Schritt wird die Bewerbung dem Fachbereich und parallel dazu dem Betriebsrat über das System zugänglich gemacht. Auch hier überlässt Techem nichts dem Zufall. Der ausschreibende Fachbereich erhält mit Weiterleitung eine entsprechende Information per E-Mail, dass neue Bewerbungen vorliegen. Zum Zeitpunkt der Weiterleitung an Fachbereich und Betriebsrat erhält auch der Bewerber eine Statusmail, dass die Bewerbung weitergeleitet wurde, und einen Hinweis über die voraussichtliche Bearbeitungsdauer. Der Bewerber erfährt so Wertschätzung und erhält die Gewissheit, dass sich seine Bewerbung in einem aktiven Auswahlprozess befindet – eine Information, die leider noch längst nicht zur deutschen Bewerbungskultur gehört. Intern sind alle Verantwortlichen zeitnah eingebunden und die Verzögerungszeiten, die sich beispielsweise durch einen manuellen Prozess ergeben, sind eliminiert. Durch das einfach konzipierte Handling sowie umfangreiche Schulungen und unterstützende Unterlagen werden die Anwender in die Lage versetzt, das System fehlerfrei und komfortabel zu nutzen. Vom jeweiligen Vorgesetzten über die

Personalabteilung bis hin zum Betriebsrat haben alle Beteiligten jederzeit den Überblick über alle freien Positionen, die vorliegenden Bewerbungen und den Stand sowie den weiteren Verlauf eines Verfahrens. Alle Techem-Anwender, die offene Stellenausschreibungen haben, erhalten einen Zugang, mit dem sie von jedem Standort aus die Möglichkeit haben, sich in das geschützte System einzuloggen und die ihnen weitergeleiteten Bewerbungen zu bearbeiten. Auch der Bewerber erhält eine Registrierungsmail mit seinen persönlichen Zugangsdaten und dem Link zu seiner Bewerbung. Somit kann er sich jederzeit über den aktuellen Status des Bewerbungsverfahrens informieren. Und noch einen weiteren Vorteil bietet das System für die Bewerber und das Unternehmen: Man kann sich auf mehrere Stellen gleichzeitig bewerben. Klappt es bei einer Position nicht, ist der Bewerber dennoch möglicherweise für andere Positionen weiter im Rennen. Es gibt kein Informationsleck, weil die eine Fachabteilung die Bewerbungsunterlagen nicht an die andere, die eventuell besser passt, weiterreicht. Da bei Techem jede Stelle nach Möglichkeit zunächst intern besetzt werden sollte, können sich auch Techem-Mitarbeiter selbst am System anmelden und Bewerbungen hinterlegen.

Besetzungszeit verringern

Techem ist es auf Basis dieses neuen Systems gelungen, die durchschnittliche Besetzungszeit einer Stelle von mehr als 90 Tagen auf 42 Arbeitstage zu beschleunigen. Die hohe Geschwindigkeit erweist sich im Wettbewerb um qualifizierte Mitarbeiter als handfester Vorteil. Techem kann heute nicht nur Schlüsselpositionen schneller besetzen, sondern hat auch insgesamt eine höhere Besetzungsquote. Die Resonanz der Bewerber ist zudem überaus positiv. Selbst wenn es mit einer angestrebten Stelle nicht klappt, weiß der Bewerber doch immer, woran er ist. Keine Seltenheit sind Rückmeldungen wie diese: „Auch wenn ich leider eine Absage erhalten habe, hat mich der professionelle Umgang mit meiner Bewerbung von Techem als Unternehmen überzeugt!"

Forenarbeit leisten

Freilich kann sich ein Unternehmen wie Techem nicht auf seinen Lorbeeren ausruhen. Daher sind die Recruiting-Experten dort permanent bestrebt, das Bewerbungsverfahren weiter zu optimieren und noch bessere Forenarbeit zu leisten – der Wettbewerb um gute Kandidaten wird schließlich künftig noch härter werden. Durch Web 2.0 und Social Media ist der Bewerber umtriebiger geworden – um Mitarbeiter konkurrierende Unternehmen sind nur wenige Klicks voneinander entfernt. Deshalb ist es umso wichtiger, dass Unternehmen eine durchgängige Kommunikation pflegen und auch über Social Media auf sich aufmerksam machen. Die Einführung eines webbasierten Bewerbermanagements war für Techem die entscheidende strategische Weichenstellung für eine erfolgreiche Rekrutierung im Web 2.0. Mittlerweile beteiligt sich das Unternehmen aktiv in verschiedenen fachlichen Foren und setzt dort seinen Namen ein. Der Erfolg: Rund 850 Initiativbewerbungen gehen pro Jahr ein. Unternehmen müssen sich bei ihren Social Media-Aktivitäten allerdings gründlich überlegen, welchen Eindruck sie als Arbeitgeber vermitteln wollen. Beim Auftritt in den Netzwerken geht es nicht darum, möglichst jugendlich oder lustig zu erscheinen. Und wer von sich behauptet, innovativ zu sein, der sollte dies auch in der Praxis beweisen können. Denn oft sind die verifizierenden Informationen im Internet nur wenige Mausklicks von der Behauptung entfernt. Mehr als andere Medien verlangt Social Media danach, die tatsächlichen Innenverhältnisse des Unternehmens nach außen darzustellen. Schon gibt es die ersten Plattformen im Internet, auf denen Mitarbeiter ihre Arbeitgeber bewerten können – ganz abgesehen davon, dass sich schlechte Nachrichten oder Missstimmung über die sozialen Netzwerke rasant verbreiten, auch wenn Unternehmen dies nicht wünschen. Wo früher der Zorn nach kurzer Zeit wieder verraucht war, ist er heute schnell eingetippt und noch Jahre später über eine einfache Anfrage bei einer Suchmaschine wie Google zu finden. Die Mitarbeiter von Techem sind die besten Gewährsleute dafür, dass das Unternehmen ein attraktiver Arbeitgeber ist – diese Stimmung zu pflegen ist eine wichtige Aufgabe der Personaler. Ein Instrument: Wer als Mitarbeiter bei Techem an Freunde oder Bekannte den

Link auf eine Stellenanzeige verschickt, bekommt im Falle einer erfolgreichen Stellenbesetzung eine Prämie.

Offline arbeiten

Insgesamt hat Techem die Zahl der jährlich eingehenden Bewerbungen auf über 6.000 gesteigert. Nicht zuletzt spart dies dem Unternehmen wie den Bewerbern gleichermaßen auch die Kosten für Papier und Porto. Mehr als 80 Prozent der Bewerbungen gehen mittlerweile über das Online-Bewerbungssystem ein. Bei den verbliebenen Papierbewerbungen handelt es sich ironischerweise fast ausschließlich um Ausbildungsbewerbungen junger Menschen. Diese dürften mit dem Medium Internet sicherlich besser vertraut sein als viele Ältere, bekommen aber offensichtlich von Schulen und Ämtern vermittelt, ein Stück Papier einzureichen, sei die Idealform. Für Techem hat sich die Umstellung bei Bewerbermanagement und Recruiting bewährt. Und solange die Beteiligten nicht ausschließlich in der virtuellen Welt umherstreifen, sondern im richtigen Leben auch noch miteinander in den Dialog treten, muss niemandem vor dem Web 2.0 bange sein.

WSG Wohnungs- und Siedlungs-GmbH und Steffens Wohnen: Wohnungsbauunternehmen aus Düsseldorf entscheiden sich für Migration ihrer IT in die ITSM-Cloud

Die WSG Wohnungs- und Siedlungs-GmbH und die Firma Steffens Wohnen haben drei Sachen gemeinsam: Sie sind im Wohnungsbau tätig, ihr Firmensitz ist in Düsseldorf, und sie haben sich beide dazu entschieden, ihre ehemals selbst betriebene IT-Infrastruktur in die Cloud der Firma ITSM aus Langenfeld zu verlagern. Über die Gründe für diese Entscheidung geben die Führungskräfte der beiden Wohnungsbaugesellschaften im nachfolgenden Beitrag Auskunft.

WSG: Wohnen Sie gut

Die WSG Wohnungs- und Siedlungs-GmbH unterhält im Großraum Nordrhein-Westfalen rund 2.900 Wohneinheiten, hauptsächlich in den Ballungsgebieten zwischen Viersen, Hagen, Dortmund und Köln. Der Bestand umfasst frei finanzierte und öffentlich geförderte Wohnungen: vom funktionalen Appartement bis zur großen Wohnung mit Platz für die ganze Familie. Bei der Vermarktung der einzelnen Wohneinheiten hat die WSG so genannte „Quartiere" als Marke etabliert, das eigene Unternehmen tritt dabei in den Hintergrund. Die Quartiere verfügen über so klangvolle Namen wie „Planetenquartier", „Panoramaquartier" oder „Kirschblüten Carré". Ziel ist es, eine regionale Verbundenheit bei den Bewohnern zu erreichen. Ergänzt wird das reine Wohnungsangebot durch zusätzliche Services wie Sozialmanager und regelmäßige Mietertreffs. Darüber hinaus werden sogar Schulungen (z.B. zu IT-Themen) für Mieter angeboten. Im Zuge der Digitalisierung in der Immobilienverwaltung ist beispielsweise die Einführung digitaler „Schwarzer Bretter" in den Quartieren vorgesehen.

Ransomware-Angriff 2016 führt zu zwei Wochen kompletten Stillstand

Andreas Piana ist kaufmännischer Leiter bei WSG. Für die IT-Belange des Unternehmens war in der Vergangenheit ein externer IT-Dienstleister verantwortlich, der sich um die Anschaffung der benötigten Hardware sowie Installation und Wartung der erforderlichen Softwareprogramme und den IT-Support für die WSG-Mitarbeiter kümmerte. „Die Immobilienwirtschaft ist IT-mäßig eher konservativ aufgestellt", beschreibt Herr Piana den Status Quo bis zum Jahr 2016. „Wir verfügten über klassische Office-Arbeitsplätze für die ca. 30 WSG-Mitarbeiter sowie die Branchensoftware Wodis Sigma als ERP-System. Als Endgeräte kamen Thin Clients zum Einsatz." Die komplette IT-Infrastruktur wurde „inhouse" betrieben. Mit steigendem Unternehmenswachstum und immer höherer Komplexität der selbst betriebenen IT-Infrastruktur traten allerdings auch immer häufiger Unterbrechungen und Ausfälle auf. Auch die Reaktionszeiten auf IT-Probleme wurden immer länger.

Auslöser für die Entscheidung bei WSG, sich endlich nach einer Alternative für die bestehende IT-Infrastruktur umzusehen, war dann letztendlich ein Ransomware-Angriff im Jahr 2016.

„Ein Hacker hatte große Teile unserer IT-Infrastruktur verschlüsselt und forderte eine Bitcoin-Zahlung für die Entschlüsselung unserer Daten", erläutert Andreas Piana die damalige Situation. „Die Folge war ein zweitägiger Komplettstillstand des Unternehmens, erst nach zwei Wochen waren alle IT-Systeme wieder voll einsatzbereit."

Auslagern der IT an jemanden, der sich damit auskennt

Der Schrecken über die Cyberattacke und das wenig professionelle Krisenmanagement des damaligen IT-Partners führte bei WSG und Herrn Piana zu der Erkenntnis, sich schleunigst nach jemandem umzusehen, der „sich damit auskennt". Fündig wurde das Unternehmen bei der Firma ITSM, einem 1998 gegründeten IT-Systemhaus in Langenfeld. Gemeinsam mit den Experten von ITSM entwickelte WSG dann ein Migrationskonzept zum Umzug der IT-Umgebung in das ITSM Local Cloud Hosting. 2017 erfolgte letztendlich der Umzug in das ITSM-Rechenzentrum. Heute arbeiten die WSG-Mitarbeiter mit Microsoft Office 365, der Zugriff ins Rechenzentrum wird über drei unterschiedliche Internetverbindungen sichergestellt. Nur noch die Telefonanlage wird vor Ort bei WSG betrieben.

Andreas Piana blickt zurück: „Als besondere Herausforderung erwies sich der Umzug von Wodis. In enger Abstimmung zwischen der Firma Aareon, dem Hersteller der Branchelösung, und ITSM gelang aber auch dies."

Neben dem reinen Betrieb der IT-Infrastruktur ist ITSM auch für den 1st und 2nd Level Support zuständig. „ITSM kennt jede bei uns eingesetzte Anwendung und jeden

Mitarbeiter. Der Service Level wird damit auf ein völlig neues Niveau gehoben. Da ist man gerne auch bereit, etwas mehr für den Service zu bezahlen, wenn man auf der anderen Seite sicher sein kann: Die IT läuft", erläutert Andreas Piana.- Er ergänzt: „Mit dem Ransomware-Angriff wurde das Thema IT-Sicherheit zum zentralen Thema. Unsere einzige Chance bestand darin, unsere IT an jemanden auszulagern, der sich damit auskennt und Vorkehrungen trifft, dass solche Vorfälle nicht mehr passieren. Damit sind wir in der Lage, uns ausschließlich auf unsere Kernprozesse zu konzentrieren."

Steffens Wohnen: Nachhaltiges Bauen mit mehr als 125 Jahren Tradition

Die Unternehmensgruppe Steffens Wohnen wird in vierter und fünfter Generation als reines Familienunternehmen durch die Geschäftsführer Bernhard Steffens, Achim Feldmann und Leif Steffens geführt. Begonnen hat alles im Jahre 1880 mit der Gründung eines kleinen Baugeschäfts. Die heutige Größe erlangte die Gruppe durch die große Aufbauleistung des 1991 verstorbenen Dipl. Ing. Walther Steffens. Das besondere Anliegen von Steffens Wohnen ist es, Wohnraum für breite Schichten der Bevölkerung zur Verfügung zu stellen. So werden neben frei finanzierten Wohnungen auch öffentlich geförderte Mietwohnungen angeboten.

Bereits seit einigen Jahren bestehen Kontakte zu WSG. Diese beruhen zum einen auf der Tatsache, dass sich die Büroräume der beiden Unternehmen lange Zeit in angrenzenden Bürogebäuden befanden. Darüber hinaus engagieren sich beide Unternehmen in der Arbeitsgemeinschaft der Wohnungsunternehmen in Düsseldorf und der Region (AG:WD). „In diesem Gremium tauschen wir uns unter anderem regelmäßig über den Einsatz der Branchenlösung Wodis Sigma aus", erklärt Achim Feldmann, einer der drei Geschäftsführer von Steffens Wohnen. Gerade das Thema ERP-Software spielt auch für sein Unternehmen eine zentrale Rolle. Er erklärt „Wir setzen derzeit mit GES noch eine Vorgängerversion der aktuellen Wodis-Software ein, die vom Hersteller Aareon zum Jahr 2020 abgekündigt wurde. Wir wurden damit quasi zur Migration auf die neue

Software-Generation gezwungen. Derzeit befinden wir uns mitten in der Umstellungsphase. Die endgültige Migration ist für Mai 2019 geplant. Da ist es natürlich wichtig, von den Erfahrungen der Kollegen von WSG zu profitieren." Und auch die Ransomware-Attacke im Jahr 2016 wurde zum Thema. Mit-Geschäftsführer Leif Steffens erinnert sich: „Der Angriff auf die WSG IT-Infrastruktur wurde natürlich in den lokalen Branchengremien bekannt und es war für uns interessant zu erfahren, welche Lehren die Kollegen von WSG aus diesem Vorfall gezogen haben."

Bestehende IT-Infrastruktur nicht mehr zeitgemäß

Denn auch bei Steffens Wohnen wurde bis zum Jahr 2017 mit einer klassischen Inhouse-IT-Infrastruktur mit eigenen Servern gearbeitet. Die 15 PC-Arbeitsplätze waren mit Microsoft Office ausgestattet, Serverseitig kamen Microsoft Exchange Server und die entsprechende Windows Serversoftware zum Einsatz. Neben der Aareon Branchensoftware als ERP-System setzt Steffens zusätzlich die Instandhaltungssoftware BTS und das Aareon CRM-Portal Immoblue ein. „Insbesondere durch den webbasierten Einsatz der CRM-Lösung war der Umstieg in die Cloud irgendwie vorgezeichnet", erklärt Achim Feldmann. Für den IT-Support war – ähnlich wie bei WSG – ein externer IT-Berater verantwortlich.

Der Austausch mit den Kollegen von WSG zum Einsatz von Wodis sowie der Ransomware-Attacke und der daraus resultierenden Migration in das ITSM Local Cloud Hosting führten auch bei Steffens Wohnen zu der Erkenntnis, sich mit einem entsprechenden Umstieg auseinanderzusetzen.

Ein weiteres Argument für einen Umstieg ergab sich aus der Planung, ein digitales Archivsystem einzuführen. Leif Steffens erklärt: „Die bisherige Betreuung durch einen einzelnen externen IT-Administrator erschien uns in diesem Zusammenhang als nicht mehr zeitgemäß."

Das „Fass zum Überlaufen" brachte dann letztendlich die Ankündigung des Anbieters der bei Steffens Wohnen eingesetzten Telefonanlage, den Support demnächst einzustellen. Achim Feldmann: „Nach der ERP-Lösung wurden wir also ein weiteres Mal zur Migration gezwungen."

ITSM Local Cloud Hosting: Rechenzentrum in Deutschland und lokaler Ansprechpartner als Entscheidungskriterium

Im Laufe des Jahres 2017 erfolgte dann die schrittweise Migration der IT-Infrastruktur von Steffens Wohnen in das ITSM Local Cloud Hosting. Achim Feldmann erklärt: „Die Tatsache, dass die Kollegen von WSG gute Erfahrungen mit ITSM – gerade in einer Krisensituation wie der Cyberattacke – gemacht hatten, trug sicher zur Entscheidung für ITSM bei. Darüber hinaus betreibt das Unternehmen sein Rechenzentrum in Deutschland und bietet einen lokalen Ansprechpartner für alle Fragen und sorgt dafür für das Vertrauen, das gerade für ein mittelständisches Unternehmen wie uns sehr wichtig ist." Was das Thema IT-Sicherheit betrifft, ist sich der Steffens Wohnen-Geschäftsführer sicher, dass ein hohes Sicherheitslevel nur durch externe IT-Experten gewährleistet werden kann, die sich tagtäglich mit diesen Themen auseinandersetzen.

Heute arbeiten die Mitarbeiter von Steffens Wohnen mit Microsoft Office 365. In Zusammenarbeit mit dem Elektriker wurde von ITSM eine neue Kameraüberwachung mit einer Lösung der Firma Mobotix implementiert. Für die neue WLAN-Infrastruktur und die Firewall-Lösung zur sicheren Anbindung an das ITSM-Rechenzentrum kommen Lösungen der Firma Fortinet zum Einsatz.

Die größten Vorteile aus der Zusammenarbeit mit ITSM sieht Achim Feldmann in der professionellen IT-Beratung und dem kompetenten externen IT-Support.

Fazit: Kompetenz und Knowhow führen zu weniger Ausfällen und geringerem Aufwand für den IT-Betrieb

Abschließend kommen beide Unternehmen – WSG und Steffens Wohnen – zu der übereinstimmenden Meinung, dass das Auslagern der eigenen IT in das ITSM Local Cloud Hosting der richtige Schritt für ihre Unternehmen war. Beide Unternehmen schätzen die hohe Kompetenz und das Beratungsknowhow des externen Dienstleisters und sind sich sicher, dass sie mit der Auslagerung ein viel höheres Sicherheitslevel erreicht haben – ein Level, das sie mit eigenen „Bordmitteln" nicht erreichen könnten. Sie profitieren von einem flexiblen und stets ansprechbereiten IT-Support und können sich endlich auf das konzentrieren, war sie am besten können: Wohnbau und Immobilienverwaltung.

Gedeon Richter nutzt IT-as-a-Service zur Optimierung von Prozessen

Der Wunsch nach höherer Sicherheit, Entkopplung von Hardwareabhängigkeit und mehr IT-Expertise im eigenen Haus veranlasste die Geschäftsführung von Gedeon Richter Deutschland dazu, 2015 die gesamte IT auf den Prüfstand zu stellen. Hierfür zog das Unternehmen einen lokal ansässigen Anbieter zu Rate, der dabei half, die vorhandene Infrastruktur sowie die Abläufe zu durchleuchten.

Da der Einkauf zentralisierter IT-Services im Headquarter in Ungarn die Flexibilität am deutschen Markt eingeschränkt hätte, begannen Gabriele Natschke, Leitung Kunden- und MedInfo-Service & IT-Support, und die Geschäftsleitung den Markt zu sondieren, um ein geeignetes Systemhaus und einen erfahrenen IT-Mitarbeiter zu finden. Seit März 2016 verstärkt Kurt Erdweg als IT-Manager die Serviceabteilung und zeichnet für die IT-Belange des Unternehmens verantwortlich.

Die Anforderung

Kommunikation auf Augenhöhe, starke und zukunftsorientierte Lösungskompetenz und Flexibilität gepaart mit Schnelligkeit waren die wichtigsten Kriterien bei der Auswahl. Nach Prüfung von sechs Anbietern entschied sich Gedeon Richter für die Concat AG.

Diese führte zunächst eine Business-Impact-Analyse nach BSI-Vorgaben durch, um zu identifizieren, welche Prozesse von Gedeon Richter besonders geschäftskritisch sind und zuverlässig zur Verfügung stehen müssen. Von den daraus abgeleiteten Lösungskonzepten für die IT fand die Version Hosting kombiniert mit einem SLA-Vertrag die Zustimmung der Geschäftsleitung in Abstimmung mit dem Headquarter in Ungarn, da sie am wirtschaftlichsten war.

Die Lösung

Nach dem Prinzip IT-as-a-Service bezieht Gedeon Richter seit 2016 IT-Leistungen von der Concat AG und bezahlt dafür eine Monatspauschale. Dazu gehören einerseits Infrastrukturressourcen (Server, Storage, virtuelle Maschinen) und andererseits gemanagte Services für Exchange, Backup/Archiv, Viren- und Spam-Filter, File-Sharing sowie Mobile Device Management. Die dafür nötige IT-Infrastruktur ist redundant ausgelegt und befindet sich im Hochverfügbarkeitsrechenzentrum DARZ in Darmstadt. Für den zuverlässigen Betrieb der Leistungen nach ITIL ist die Support-Organisation der Concat in Wendelsheim zuständig.

Seit der Auslagerung der IT hat Kurt Erdweg den Kopf frei, um die Geschäftsleitung zu beraten und neue Projekte in Angriff zu nehmen. „Corporate Planning ist zum Beispiel ein Projekt, das viel Arbeit an Prozessen mit dem Controlling und anderen Abteilungen erforderte", erklärt er. Auch um die Belange der Endbenutzer und Fachabteilungen kann er sich nun besser kümmern: „Mit Mobile Device Management haben wir nun ein Tool, das Prozesse für den Außendienst optimiert und automatisiert. Die firmeneigenen und fremden Apps lassen sich nun so verteilen, dass Mitarbeiter sie sofort auf ihrem Smartphone nutzen können."

Die Vorteile

Der Umstieg von Eigenbetrieb auf Hosting in einem deutschen Rechenzentrum hat im Unternehmen zu einer spürbaren Entspannung geführt. Die Serviceabteilung, zu der die IT gehört, nahm dieses Projekt zum Anlass, um sich selbst neu zu organisieren und die Bereitstellung von IT-Diensten zu standardisieren. Der Bezug von Infrastruktur und Software als Serviceleistung (Iaas, SaaS) wirkt sich positiv in der täglichen Arbeit jedes einzelnen Mitarbeiters aus: in beschleunigten Antwortzeiten, höherer Verfügbarkeit und schnelleren Reaktionszeiten im Supportfall. „Für mich ist es viel einfacher, schnell mal einen neuen User anzulegen oder die Berechtigung auf ein Mail-Konto zu ändern, und zwar über alle Standorte hinweg", erklärt Kurt Erdweg.

Share2Net für File-Sharing macht unsichere Drittlösungen überflüssig

Die Anwender nahmen die Cloud-Services durchweg positiv auf: Dank Backup2Net haben sie beispielsweise die Sicherheit, dass ihre Daten jederzeit rekonstruierbar sind, falls sie versehentlich etwas löschen. Erfreulich für die IT: Der Einsatz von Share2Net für das File-Sharing machte unsichere Drittlösungen überflüssig. Mehr als 100 Mitarbeiter, darunter die Patentabteilung sowie Innen- und Außendienst, nutzen Share2Net für die Bereitstellung großer Datenmengen intern und für externe Partner, was das Mailvolumen deutlich reduziert hat. Und die verschlüsselte Datenübertragung schützt das Unternehmen vor Viren und anderen Schadprogrammen.

Seit März 2017 ist die Erbringung von Service- und Supportleistungen durch einen umfangreichen Rahmenvertrag abgesichert. Dies betrifft den Remote-Betrieb der Server und Datenbanksysteme, die Anbindung an das Rechenzentrum, das Management von Updates, Patches, Calls etc. bis hin zu Reporting und Dokumentation.

Das Resümee von Kurt Erdweg fällt durchweg positiv aus: „Ich fahre jetzt jeden Tag mit einem guten Gefühl in die Firma. Da ich mit der Infrastruktur nichts mehr zu tun habe, kann ich mich voll und ganz auf den User Support und neue Projekte konzentrieren."

Gabriele Natschke, Leitung Kunden- und MedInfo-Service & IT-Support, ergänzt: „Seit der Neuorganisation unserer IT-Struktur durch unseren Partner Concat AG und die Professionalisierung unserer internen IT durch einen IT-Manager kann ich wieder besser schlafen."

Gedeon Richter Deutschland

Gedeon Richter gehört weltweit zu den erfolgreichsten Pharmaunternehmen im Bereich Frauengesundheit mit 115 Jahren internationaler Erfahrung in Forschung und Entwicklung. In Deutschland ist Gedeon Richter mit über 100 Mitarbeitern an drei Standorten (Köln, Langen, Eschborn) aktiv. 2011 erfolgte die Übernahme des Kontrazeptiva-Bereichs der Grünenthal GmbH durch den Geschäftsbereich Gynäkologie in Köln. Seither wurde das Produktportfolio erweitert um die innovative Substanz Ulipristalacetat zur Behandlung von Uterusmyomen sowie ein Präparat zur Hormonersatztherapie. Zusammen mit den Forschungen im Bereich der Reproduktionsmedizin nimmt sich das Unternehmen so den Bedürfnissen der Frauen vom Teenageralter bis in die Menopause an.

Schneider Electric: E-Procurement-Lösung vereinfacht den Katalogeinkauf

Anwender wollen heute selbstständig Lösungen und Content-Themen managen können – und das möglichst einfach. Gleichzeitig sollen sie durch automatisierte Beschaffungsprozesse entlastet werden. Bei Schneider Electric, einem weltweit führenden Spezialisten für Energie-Management und Automation, wurde im Rahmen einer SAP®-Umstellung im Bereich Execution Center in Deutschland ein neues, ausbaufähiges E-Procurement-System gesucht und eingeführt. Das Unternehmen entschied sich für Onventis und TradeCore SRM, um die Einkaufsprozesse zu optimieren.

Die Digitalisierung von Geschäftsprozessen in Deutschland hat in den letzten Jahren enorm zugenommen, wie Studien belegen. Unter anderem wollen drei Fünftel der Fachabteilungen über Cloud-Anwendungen ihre Anforderungen schneller umsetzen oder die Unterstützung ihrer Geschäftsbereiche optimieren. Auch in den Einkaufsabteilungen der Unternehmen lösen E-Procurement-Lösungen sowie automatisierte Prozesse immer mehr zeitaufwendige, manuell durchgeführte Abläufe ab. Patric Fleck, Head of Sales bei Onventis: „Ein wichtiges Projektziel bei Schneider Electric bestand darin, die Mitarbeiter im Einkauf beispielsweise durch eine automatische Bestellübermittlung von operativen Abläufen zu entlasten und damit Einkaufsprozesse zu verschlanken sowie zu vereinfachen." So sollten die Akzeptanz des neuen E-Procurement-Systems und die Anzahl der User, die mit der Lösung arbeiten, erhöht und die Durchlaufzeiten bei Bestellungen reduziert werden. Weitere Anforderungen waren, Kataloge und Stammdaten eigenständig einstellen und pflegen zu können sowie mehr Kataloglieferanten in das neue System zu integrieren.

Cloud-basierte SRM-Plattformen wie TradeCore haben den Vorteil, Updates selbstständig bereitzustellen und somit stets auf dem neusten Stand zu sein. „Vor zehn Jahren waren unternehmensinterne E-Procurement-Lösungen üblich, die man einmal gekauft hat und die man ständig updaten musste", erinnert sich Ralf Sackmann, Einkaufsleiter für Solution Purchasing bei Schneider Electric in Deutschland. „Unser bisheriges On-Premise-System, das wir im Einkauf einsetzten, war deshalb überhaupt nicht mehr zeitgemäß und konnte den heutigen Anforderungen nicht länger entsprechen."

Katalogsuche sowie Bestellungen vereinfachen und beschleunigen

Beim Spezialisten für Energie-Management und Automation sollten deshalb die Beschaffungs- und Bestell-prozesse des deutschen Execution Centers über eine neue SRM-Plattform optimiert werden. Die Aufgabe dieser Einkaufsabteilung besteht darin, über Anbieter die noch benötigten Leistungen zu ergänzen, um eine ganzheitliche Kundenlösung bereitstellen zu können. Dabei muss unter anderem eine Vielzahl von Usern und Lieferanten mit der Bestellplattform sowie dem dazugehörigen Katalogsystem arbeiten und diese Kataloge selbstständig erweitern. „Die Suche über die Kataloge sollte sich mit dem neuen System möglichst einfach und schnell durchführen lassen", so Fleck. Eine zentrale Rolle spielte hierbei auch, dass sowohl IT-affine als auch IT-ferne Anwender die Lösung rasch annehmen und einsetzen können. Sackmann: „Neben der einheitlichen und durchgehenden Oberfläche der SRM-Plattform sprach vor allem auch die einfache Bedienbarkeit für TradeCore. Diese beiden Punkte haben uns schließlich im Auswahlprozess überzeugt."

Die neue E-Procurement-Plattform wurde in nur sechs Monaten eingeführt. Die Geschwindigkeit der Implementierung war hier wichtig, da das Projekt an das parallel erfolgende SAP-Update gekoppelt und hierfür ein festes Zeitfenster vorgegeben war. Durch den Bezug der Lösung über die Cloud ließ sich das Implementierungsprojekt aber gut mit der ERP-Umstellung koordinieren und zügig durchführen. „Wir sind sehr zufrieden mit der Stabilität des Systems: Seit dem Go-Live-Termin arbeitet TradeCore fehlerfrei und zuverlässig – ohne notwendige korrigierende Eingriffe", so Sackmann.

Einfache Benutzeroberfläche erhöht Akzeptanz der Mitarbeiter

„Die Hauptanforderung innerhalb des Projekts, mit einer modernen E-Procurement-Plattform die Nutzerakzeptanz von elektronischen Beschaffungslösungen zu erhöhen, konnte mit TradeCore voll erfüllt werden", resümiert Sackmann. Die Mitarbeiter im deutschen Execution Center von Schneider Electric verfügen nun über ein standardisiertes, automatisiertes System mit einer intuitiven und einheitlichen Benutzeroberfläche. Dadurch werden Bestellungen und Katalogmanagement stark vereinfacht. Insgesamt profitiert die Abteilung von übersichtlicheren, effizienteren und schnelleren Beschaffungsprozessen. Manuelle Bestellungen am E-Procurement-System vorbei lassen sich so erfolgreich verhindern.

„Die vorherige E-Procurement-Lösung hatte Defizite in der Usability, Kataloganbindung, Lieferanten- und Katalogdarstellung", erläutert Sackmann. TradeCore SRM bietet nun eine automatische Integration von Bestellprozessen und Wareneingängen. „Der Einkauf hat dadurch weniger mit operativen Bestellprozessen zu tun und kann sich mehr auf strategische Aufgaben konzentrieren", so Fleck. Da deutlich mehr Lieferanten integriert werden konnten und diese sowie Anwender von Schneider Electric nun selbstständig eigene Kataloge hochladen können, ist die Zahl der tatsächlichen User deutlich gestiegen. Die Onventis-Berater hatten frühzeitig Projektansprechpartner, Key-User und Administratoren ins Projekt involviert, sodass diese sich gut in die Standardsoftware einarbeiten konnten. „Die Resonanz der TradeCore-Anwender war durchweg positiv hinsichtlich Flexibilität und Usability der neuen Lösung, was auch anhand der vermehrten Uploads von neuen Katalogen zu beobachten ist", stellt Sackmann fest. Er sieht hier zudem Potenziale, diese Entwicklung noch weiter voranzutreiben.

Vallovapor Gruppe setzt auf Digitalisierung mit openHandwerk.de – Software as a Service-Lösung aus der Cloud!

Handwerksbetriebe in Deutschland haben volle Auftragsbücher, erzielen Rekordergebnisse und das Geschäft wächst. Trotzdem sollte man das Thema Digitalisierung nicht auf die lange Bank schieben. Gerade in guten Zeiten macht es Sinn sich langfristig auszurichten. Handwerkerportale, Internetgiganten wie Google oder Amazon machen sich langsam breit im Bereich Dienstleistungen. Es ist nur noch eine Frage Zeit bis das Internet einen Großteil der Aufträge spielt und es besteht die Gefahr das alt eingesessene Handwerkbetriebe zu Subunternehmern von Internetfirmen werden.

Neben einem funktionierenden Internetauftritt spielt jedoch vor allem die Organisation und die dazugehörigen Prozesse im operativen Bereich eine erhebliche Rolle. Auf dem Weg zum papierlosen Büro, kommt man Stand heute nicht an Cloudlösungen vorbei. Da oftmals in den kleinen und mittelständischen Betrieben das notwendige Kapital bzw. personelle Knowhow fehlt, können standardisierte Lösungen kostengünstig Abhilfe schaffen.

Vallovapor – Deutschlandweite Instandhaltung mit Hilfe von openHandwerk

Die Vallovapor GmbH aus Berlin betreut seit 2009 deutschlandweit ca. 600.000 Wohneinheiten für Verwalter und Eigentümer. Zum Kerngeschäft gehört deutschlandweit die Schimmelbeseitigung mit einem innovativen Verfahren als Instandhaltungsmaßnahme in Mieterwohnungen. Mitarbeiter im Einsatz sind ausgerüstet mit Handys oder Tablets und einer openHandwerk-App. Die Mitarbeiter sind deutschlandweit in Ihren Regionen im Einsatz. Gesteuert wird der operative Ablauf und die Einsätze aus der Niederlassung in Alfhausen. Arbeitsscheine oder Begehungsprotokolle holt im Büro niemand mehr ab. Per App oder E-Mail erhalten die Mitarbeiter Ihre Aufträge auf Ihr Endgerät, die sie bestätigen und senden über die oH-App Begehungsprotokolle, Mieterinstruktionen. als auch Vorher/Nachher-Fotos oder auch Videos in die Cloud in den entsprechenden angelegten Auftrag bzw. den dazugehörigen Dokumentenordner, aus denen sofort Rechnungen erstellt werden können. Wenn der Mitarbeiter seinen Auftrag abschließt und die Wohnung oder Baustelle verlässt, sind bereits alle relevanten Daten in der Cloudlösung.

Das war nicht immer so. "Bis 2015 wurden die Dokumente vom Mitarbeiter postalisch ins Büro gesendet. Fotos per E-Mail kommuniziert und in Ordnern abgelegt. Aufträge und der Auftragsstatus wurden in Excel-Listen dokumentiert oder im Papierformat bis man den Überblick verloren hatte.", so Herr Arkadij Treichler, Betriebsleiter der Vallovapor GmbH.

Eine Lösung musste her, die den Handwerksbetrieb operativ unterstützt und Arbeitsprozesse vereinfacht und ihn auf das wachsende Geschäft vorbereitet. In Zusammenarbeit mit openHandwerk, prämiert mit dem Cloud Rocket Award der börsennotierten Cancom/Pironet AG & Co. KG, wurde eine kostengünstige und intuitive Lösung für die Digitalisierung gefunden, die nahezu alle Prozesse im Büro abbildet.

Aufträge die per Telefon, Fax, E-Mail oder Handwerkeranbindungen bei der Vallovapor eingehen werden im Büro in der Software erfasst. Auftraggeber erhalten sofort eine Auftragsbestätigung. Im Dokumentenmanagementsystem werden vorgegebene Ordner befüllt mit Auftragsbestätigungen, Angebote, Lieferscheinen, Materialrechnungen. Jeder Auftrag ist somit komplett auch nach Jahren nachzuvollziehen und ist somit GobD-konform.

Nachdem die Büromitarbeiter der Vallovapor den Auftrag terminiert haben, erhält der Auftraggeber eine Terminbestätigung per E-Mail und der Mitarbeiter alle notwendigen Informationen per App, die er bestätigt. Darüber hinaus hat der Mitarbeiter alle seine Termine für die Woche oder den Monat im Überblick und kann über seine App auch seine Arbeitszeiten erfassen, runtergebrochen auf Fahrtzeiten, Arbeitszeiten, Pausen, Krankheits- und Urlaubszeiten.

Nach Fertigstellung der Arbeiten kann der Mitarbeiter der Vallovapor alle notwendigen Dokumente wie Arbeitsscheine, Begehungsprotokolle, Mieterdokumente, Nachträge sowie Fotos vorher und nachher sowie Videos per App oder Email in die Cloudlösung senden und wenn der Mitarbeiter auf dem Weg zum nächsten Termin ist, sind bereits alle Dokumente zur Rechnungsstellung im Büro vor Ort. Über Statusanzeigen können die Mitarbeiter Ihre Aufträge nach Dringlichkeit und Stand unterteilen. Subunternehmer anderer Gewerke bei größeren Maßnahmen bindet die Vallovapor in die Lösung mit ein. Diese liefern dann ebenfalls alle Daten und bekommen Auftragsinformationen per Email oder App. Stand heute arbeitet Vallovapor besonders in Baden-Württemberg und Bayern mit 25 Partnerbetrieben zusammen, die ebenfalls aus der Software mit Informationen versorgt werden und die Dokumente in die Cloud einstellen.

Digitale Auftragshistorie bringt Mitarbeiter der Vallovapor immer auf den gleichen Stand

Eine Auftragshistorie gibt genauen Überblick wann Aufträge angelegt, terminiert oder erledigt wurden, wann Informationen oder Emails an den Auftraggeber gingen, wann Briefe an Mieter automatisch versendet wurden, wann Termine abgestimmt oder Mieter oder Auftraggeber nicht telefonisch erreicht werden. Jeder Mitarbeiter bei der Vallovapor ist somit in der Lage den aktuellen Status und was bisher geschah in der Software nachzuvollziehen. Egal ob krank oder im Urlaub, jeder im Büro hat auf einen Blick den Überblick über den Auftrag oder das Angebot. Zuvor waren diese Aufträge oder Angebote nicht zu beantworten bei der Vallovapor, wenn Mitarbeiter oder Mitarbeiterinnen krank oder im Urlaub waren. Bei Beschwerden von Kunden kann per Knopfdruck ein Screenshot versendet werden, der dem Auftraggeber die Auftragshistorie anzeigt.

Rechnungsstellung und digitales Archiv der Vallovapor

Die Rechnungsstellung bei der Vallovapor GmbH erfolgt direkt über die Cloudsoftware openHandwerk aus den bestehenden Aufträgen. Die Vallovapor hat somit alle Angebots- und Rechnungsdaten mit den operativen Auftragsdaten und –unterlagen verknüpft.

"Zu Beginn haben wir openHandwerk lediglich für die Dokumente zum Auftrag genutzt und zur Kommunikation mit den Kunden. Für die Rechnungsstellung nutzen wir ursprünglich unsere alte Branchensoftware. Wir waren hier jedoch von Nutzer-zugängen begrenzt. Ein Arbeiten an mehreren Standorten war fast unmöglich. Stand heute erstellen wir auch unsere Angebote und Rechnungen aus openHandwerk in der Cloud. Wir sind somit deutlich schneller und haben eine Lösung aus einer Hand. Bei der Vallovapor allein in Deutschland wickeln wir mit zwei Büromitarbeitern im Jahr über 1.200 Instandhaltungsaufträge ab, von der Angebotserstellung, Terminierung und Abwicklung sowie Dokumentation bis hin zur Rechnungsstellung. Durch funktionierende digitale Archivfunktionen und durch die bestehenden Prozesse sparen wir jährlich ca. 30.000 EUR an Personalkosten ein und erhöhen unsere Qualität in der Abwicklung." so Frau Inge Sowiak, Assistenz der Geschäftsführung.

Cockpitlösung aus der Cloud

openHandwerk funktioniert dabei wie ein Frontend oder Cockpit, dass den ganzen Tag im Einsatz ist. Bereits vor Arbeitsbeginn sehen die Mitarbeiter im Büro ob die Kollegen in der Instandhaltung pünktlich kommen oder sich verspäten. Mit Informationen wie diesen, lässt sich die Kommunikation mit Kunden und die Kundenzufriedenheit deutlich erhöhen. In Zeiten des Internets verlangen Kunden eine umfangreiche Kommunikation. Kleine Betriebe haben hierfür nicht die notwendigen Ressourcen, große Betriebe verhalten sich hier eher arrogant und setzen die Kommunikation nicht um. openHandwerk unterstützt hier die Vallovapor im Hintergrund, sei es mit Auftragsbestätigungen, Terminbestätigungen, Erledigungsvermerken oder automatisch generierten Kundenanschreiben. Der Mitarbeiter im Büro wird entlastet und es entsteht mehr Zeit für das Wesentliche.

Arbeitszeiterfassung per App

Früher wurden Arbeitsscheine und Stundenkonten bei der Vallovapor auf Papier erstellt. Mitarbeiter lieferten diese Dokumente unvollständig oder zu spät. Über die Lösung in der Cloud können Arbeitszeiten schnell und einfach per App oder Internet ausgefüllt und gesendet werden. Die Vorbereitung der Lohnabrechnung dauert nur noch Minuten. Darüber hinaus werden Nachrichten versendet, wenn Unterlagen fehlen und die Vallovapor erhält deutlich mehr Informationen, da die Zeiten mit den Aufträgen an einem Ort hinterlegt sind.

Digitale Auftragsmappe unterstützt beim Vertrieb durch Angebotserinnerungen

Über die digitale Auftragsmappe werden alle Aufträge bei der Vallovapor erfasst mit dazugehörigen Dokumenten. Hier gilt ein ähnliches Verfahren wie bei den Aufträgen. Nach Begehungen zur Angebotserstellung sind die Aufmaße im Handumdrehen in der Cloud, bereit zur Angebotserstellung. Angebote können hier hinterlegt werden oder durch openHandwerk erzeugt werden. Auf Wunsch erhalten die Auftraggeber alle sieben Tage eine Erinnerung über das Angebot. Manchmal erhält die Vallovapor nach Monaten Aufträge. Recherchen haben ergeben, dass die Angebote nach Monaten angenommen wurden durch die bestehenden Auftragserinnerungen.

"openHandwerk ist weit mehr als ein Dokumentenmanagement oder eine Rechnungswesensoftware. Über unsere Lösung lassen sich Handwerksbetriebe monitoren von den Zahlen her als auch vom operativen Geschäft. Über Soll/Ist-vergleiche können Aufträge

158

und Zeitaufwand bewertet werden, genauso wie Mitarbeiter verglichen werden bzgl. Aufträgen und Umsätzen. Für Geschäftsführer oder Eigentümer gibt die Lösung einen bisher nicht dagewesenen Überblick wie der Betrieb aktuell steht. Als Frontendlösung ist openHandwerk den ganzen Tag im Einsatz und unterstützt das Handwerksbüro beim ganztägigen Geschäft.", so Sascha Herzberg, CTO der openHandwerk GmbH.

Anhand der Vallovapor GmbH wird gut dargestellt was mit Digitalisierung im Handwerk möglich ist. Es geht hierbei nicht um das Wegrationalisieren von Arbeitsplätzen. Es geht vielmehr um das Automatisieren von Arbeitsabläufen und Wettbewerbsvorteilen und darum, so den Mitarbeitern neue Freiräume zu schaffen, sich im Betrieb mehr zu verwirklichen für das normalerweise die Zeit fehlt. Mit digitalen Lösungen werden nicht nur die Prozesse im Büro optimiert. Gleiches gilt für Baustellen oder Auftragsorte. Betriebe können so auch mehr Umsatz vor Ort erzielen ohne erheblichen Mehraufwand bei überschaubaren Kosten ohne große Budgets oder Personalkosten.

Die Digitalisierung ist in allen Geschäftsbereichen angekommen. Im Handwerk stehen wir noch am Anfang. Dies ist jedoch kein Nachteil, sondern eine Chance für jeden einzelnen Betrieb. Es gewinnt diesmal nicht der Stärkste, sondern der Betrieb, der nicht stehenbleibt.

Aktueller Stand und BIM

Stand heute ist die Handwerkersoftware openHandwerk in der Lage E-Formulare und E-Signaturen abzubilden. Jedes individuelle Formular kann für Unternehmen über die App abgebildet werden. Darüber hinaus verfügt das Angebots- und Rechnungswesen über eine Positionsgliederung, Teil- und Abschlagrechnungen als auch über eine GAEB-Funktion sowie über IDS-Connect und Datanorm für die Beschaffung über den Großhändler oder Hersteller. Projektpläne können abgebildet werden, Subunternehmer eingebunden werden. Eine voll eigenständige Lösung mit einem großen Produktspektrum.

openHandwerk ist dabei sich über Schnittstellen jedoch zur Multi-Cloud weiterzuentwickeln. BIM gehört natürlich dazu. In einer der nächsten Versionen werden auch BIM-Produktdaten weiterverarbeitet, um sich frühzeitig auf BIM einzustellen und mit anderen Lösungen zu verknüpfen.

openHandwerk will Handwerksbetrieben, Bauunternehmen und Planern lückenlose Prozesse liefern, um sich effizienter aufzustellen.

LLOYD: Employer Branding durch automatisiertes Bewerber-Feedback

Der Premiumschuhhersteller und -händler LLOYD hat im Dezember 2017 eine neue Recruiting-Lösung eingeführt. Das vorher verwendete System war an seine Grenzen gekommen, weil es den hohen Ansprüchen auf einem kandidatenorientierten Markt nicht mehr genügte. Jetzt kann LLOYD mit einer zeitgemäßen Lösung bei den Kandidaten punkten und auf Schnelligkeit sowie Transparenz setzen. Dabei spielt ein Feedbacktool eine Rolle, das automatisch Rückmeldungen von Bewerbern erhebt und deren Sicht auf den Arbeitgeber abbildet.

Hintergrund: Bewerber wie Kunden behandeln

LLOYD Shoes ist Hersteller von Herren- und Damenschuhen sowie Lederjacken und Accessoires. 1888 in Bremen gegründet und seit 1942 ansässig im niedersächsischen Sulingen, perfektioniert LLOYD seit mehr als 130 Jahren die Herstellung besonderer und wertvoller Schuhe in Qualität, Tragekomfort und Design. LLOYD Produkte werden in mehr als 60 Länder exportiert und sind an 3.700 Verkaufspunkten erhältlich.

LLOYD beschäftigt rund 1.600 Mitarbeiter, davon über 650 in Deutschland. Das Unternehmen sucht laufend neue Mitarbeiter in Deutschland zudem expandiert das Unternehmen hierzulande stark. Aktuell gibt es 33 Handelsgeschäfte.

Die Zielgruppe ist auf dem Arbeitsmarkt nur sehr schwer verfügbar. „Wir spüren den demografischen Wandel und den Fachkräfteengpass, erschwerend hinzu kommt die hohe Fluktuation im Handel und das große Angebot an Arbeitgeber- Alternativen in der Branche", sagt Gordon Behrens, Leiter Personal LLOYD. In einigen Städten wie zum Beispiel in München wird es besonders eng. „Unsere Mitarbeiter in den Centern haben den nächsten Arbeitsplatz häufig direkt vor der Nase", berichtet Behrens.

LLOYD muss vor diesem Hintergrund leicht als attraktiver Arbeitgeber erkennbar sein. Schnelligkeit in den Prozessen spielt eine besondere Rolle. „Im Markt gewinnt derjenige die besten Bewerber, der einfach schneller ist. Wir brauchen eine Software mit perfekter Candidate Journey, die eine maximale Entscheidungsgeschwindigkeit unterstützt", sagt Behrens: „Denn Bewerber möchten wir wie Kunden behandeln und ihnen die Bewerbung so leicht wie möglich machen."

Implementierung: der schnelle Schritt in die Cloud

Vor diesem Hintergrund hat LLOYD die Recruiting-Rundumlösung softgarden eingeführt. Zuvor hatte das Unternehmen eine andere Bewerbermanagement- Lösung genutzt, bei der sich die Bewerber erst einmal registrieren mussten. Das System wurde vor dem Hintergrund der gestiegenen Anforderungen irgendwann zu starr, LLOYD konnte die Lösung kaum verändern und bewerberfreundlicher gestalten, etwa durch Kurzbewerbungen oder Möglichkeiten der Verknüpfung der Bewerbung mit dem Xing-Profil.

LLOYD hatte sich vor der Entscheidung für softgarden zehn Recruiting-Lösungen angesehen, drei schafften es in die nähere Auswahl und wurden vor dem Hintergrund der individuellen Anforderungen des Unternehmens anhand eines Kriterienkatalogs bewertet. Dabei ging es zum Beispiel um die Anbindung des Karriereportals, Möglichkeiten zur einfachen Veröffentlichung von Anzeigen auf verschiedenen Portalen, die Kommunikation mit den Bewerbern, Reporting, Datenschutz, Technik, Kosten und internationale Einsatzmöglichkeiten.

Den Ausschlag für softgarden gab vor allem die einfache Bedienbarkeit und die hohe Prozessorientierung. LLOYD integriert viele Führungskräfte in den Prozess, die eine Schlüsselrolle im Recruiting spielen. „Unsere Filialleiter konnten das sofort intuitiv bedienen", erinnert sich Behrens. Sowohl der hohe Komfort bei der One-Click-Bewerbung als auch die einfache Bedienbarkeit für die am Recruiting-Prozess Beteiligten, haben LLOYD überzeugt.

Mit der Implementierung der neuen Software ging LLOYD zugleich im Recruiting den Schritt in die Cloud. „Wir haben es ja zu Anfang nicht so richtig geglaubt, aber nach zwei Tagen war die eigentliche Implementierung abgeschlossen und das System einsatzbereit", sagt Behrens.

Die Einbeziehung der Filialleiter hat sich deutlich verbessert. Der Kommunikationsaufwand im Entscheidungsprozess ist bei LLOYD dadurch viel geringer geworden. „In kürzester Zeit konnten wir die Filialleiter in die Reviewer-Rolle holen, die haben sogar Spaß daran", sagt Behrens. Das Unternehmen spart insgesamt Zeit und Ressourcen. LLOYD hat aufgrund der Handelsaktivitäten rund 300 Personalbewegungen pro Jahr bei einem Stamm von rund 700 Mitarbeitern. Heute braucht LLOYD nur noch ein Drittel der Zeit, um eine offene Position zu besetzen, die vor der Einführung von softgarden nötig war. Das ist ein unschätzbarer Vorteil in einem Markt, der sich immer stärker auf die Kandidaten ausrichten muss.

LLOYD kann durch das Multiposting bequem aus dem System heraus auf allen möglichen Stellenmärkten schalten. Der dafür erforderliche Aufwand hat sich deutlich reduziert.

Gegenüber dem softgarden-Feedbacktool war LLOYD zunächst skeptisch. Damit können Arbeitgeber automatisiert das Feedback von Bewerbern und neuen Mitarbeitern sammeln und auf Arbeitgeberbewertungsportalen sowie auf der eigenen Website veröffentlichen. Jetzt empfängt LLOYD aber auf diese Art standardisiert Feedback von Bewerbern und Mitarbeitern, dies wird sichtbar und ist voll automatisiert. Seit Anfang Mai 2018 veröffentlicht das Handelsunternehmen diese Feedbacks auf der Arbeitgeberbewertungsplattform kununu.

Von dem Ergebnis ist LLOYD sehr positiv überrascht. „Das wird auch vorher schon viel Wert auf gute Bewerberkommunikation gelegt haben, war uns klar. Aber solche Rückmeldungen sind für uns ein ganz tolles Feedback für unsere Arbeit", so Behrens. Wir konnten unseren kununu Score seit Einführung des Feedbacktools von 3,7 auf 4,1 steigern. Unser sehr guter Bewerbungsprozess wird nun für alle sichtbar", sagt Behrens. Das ist wichtig, da LLOYD aus der Masse der Arbeitgeber in der Branche positiv herausragen möchte.

Das Feedbacktool ist zudem eine wichtige Quelle dafür, wie LLOYD als Arbeitgeber besser werden kann, zum Beispiel beim Onboarding. LLOYD nutzt das Feedback, das die Verantwortlichen mit Hilfe des Tools lesen können, um konkrete Angebote zu testen. „Zum Beispiel können die Kolleginnen, die die Azubis betreuen, sofort sehen, wie wir als Arbeitgeber bei den neuen Azubis wirklich ankommen", berichtet Behrens.

Ausblick: Filialleiter stärker fürs Recruiting engagieren

Wie wird sich das Recruiting bei Lloyd in den kommenden Jahren entwickeln? Dazu Gordon Behrens:

„Es wird schon kurzfristig noch knapper werden. Unsere Filialleiter müssen verstehen, dass sie die ersten Recruiter vor Ort sind. Sie müssen die Wettbewerbssituation der relevanten Arbeitgeber vor Ort noch genauer kennen, wissen wo sie stehen und aktiv auf Talente zugehen. Wir brauchen auch in Zukunft unsere Karrierewebsite, unsere Stellenanzeigen und sichtbares Feedback, aber wir müssen da noch aktiver werden und noch genauer vermitteln, wofür wir als Arbeitgeber stehen."

Hundertmark Ingenieurleistungen: Auf Erfolgskurs in der Baubranche mit NOVA AVA

Die Baubranche boomt und die Auftragslage in Bauunternehmen, Architektur- und Ingenieurbüros ist bestens. Von dieser Entwicklung profitieren auch Dienstleister, wie der freiberufliche Bauingenieur Tim Hundertmark. Mit seinem Unternehmen Hundertmark Ingenieurleistungen hat er sich auf Ausschreibung, Bauleitung und Abrechnung komplexer Infrastrukturprojekte sowie Hoch- und Tiefbauvorhaben spezialisiert.

Im Bereich der Ausschreibungen und Abrechnungen wird von Dienstleistern ein hohes Maß an Professionalität und Sorgfalt erwartet. Um diese Erwartung zu erfüllen setzt Tim Hundertmark auf seine umfassenden Kenntnisse von Bauprozessen und seine langjährige Erfahrung. „Aber natürlich ist auch eine leistungsfähige Software unerlässlich, mit der man gut und komfortabel Leistungsverzeichnisse erstellen, die Ausschreibung und Vergabe koordinieren, die Abrechnung durchführen und Projekte organisieren kann," erklärt Hundertmark. Er hat sich für NOVA AVA entschieden. Ausschlaggebend war dabei für ihn, dass die Software ein cloudbasiertes System ist, mit dem er von jedem Ort aus und mit jedem erdenklichen Endgerät an seinen Projekten arbeiten kann. Zudem war er von der klaren Struktur des Programms überzeugt, denn diese macht die Nutzung einfach aber effizient und sorgt so für eine schnelle Einführung in die Software.

Ausschreibung und Vergabe – so kann es gehen

Über die Komponente „Ausschreibung" bestimmt Tim Hundertmark die Art der Vergabe, legt den Submissionstermin fest und lädt aus seinem Adressbuch die Teilnehmer für die Ausschreibung ein. Freigegebene Dateien und Dokumente kann er sich von den Bietern bestätigen lassen. Der Clou dabei ist: Die Bieter erhalten eine E-Mail mit Link zu dem Leistungsverzeichnis und können das Angebot direkt auf der Plattform ausfüllen, passwortgeschützt und ohne jede Zusatzsoftware. Oder sie können ihre Angebote per GAEB und ÖNORM-Schnittstelle importieren. Zur Sicherheit erhalten die Bieter dabei noch Unterstützung durch den integrierten Angebotsprüfer und können eigene Dokumente uploaden und Vorschläge unterbreiten. Und wenn es etwas zu besprechen gibt, kann die Kommunikation revisionssicher im Frage-Antwort-Dialog abgebildet werden.

Für die Abrechnung nutzt Tim Hundertmark die Leistungsverzeichnisse seiner Projekte. Neben dem Hauptauftrag, der aus der Vergabe oder auch durch den direkten Datenimport per GAEB86 vorliegt, bearbeitet er zusätzlich die Nachträge. Die Nachweise für die erbrachten und abzurechnenden Leistungen, erfasst er entweder frei oder nach Formeln (REB23.003). Hierfür steht bei Bedarf eine normierte Schnittstelle zur Verfügung, die DA11 für Import- und Export der Aufmaßdaten. Die Aufmaße nutzt Tim Hundertmark zudem für das momentgenaue Kostenmanagement im Rahmen des Soll-Ist-Vergleiches. Im Rechnungsmanagement nutzt er dann die Rechnungstypen Vorauszahlung, Abschlagsrechnung, Teilschlussrechnung und Schlussrechnung. Automatisch werden dabei Vertragskonditionen wie vereinbarte Sicherheiten, Rabatte, Skonti und frei definierbare Abzüge bei der Rechnungserstellung berücksichtigt. Spezielle Freigabemechanismen unterstützen ihn bei der Rechnungsprüfung- und Zahlungsfreigabe.

Auf die Frage, was das wichtigste für seine Arbeit ist, muss der Spezialist Tim Hundertmark nicht lange überlegen. „Da bei Ausschreibungen und Abrechnungen immer viele Gewerke beteiligt sind, ist ein reibungsloses, interaktives Arbeiten wesentlich. Und dafür braucht es vielseitige und genormte Datenschnittstellen." Denn nur so, erklärt Hundertmark weiter, könne der digitale Austausch von Dokumenten, Angeboten und Aufträgen sicher laufen – egal welche Programme die jeweiligen Projektbeteiligten nutzen. Bei NOVA AVA besteht zudem die Möglichkeit, dass alle direkt in der Cloud arbeiten, damit entfällt natürlich der Datenaustausch über eine Schnittstelle komplett. Und das spart Zeit, die gerade in der Boom-Branche Bau an allen Ecken und Enden fehlt.

Butzkies Stahlbau: Neue ERP-Lösung aus der Business Cloud

Bei Butzkies Stahlbau im mittelholsteinischen Krempe wurde der Einsatz eines neuen ERP-Systems notwendig. Für die Realisierung der Lösung sowie deren Betrieb in der Business Cloud setzt das Stahlbau-Unternehmen auf die SAP- und Cloud-Kompetenz der Kieler Vater Gruppe.

Die Firmengeschichte der Butzkies Stahlbau ist eine typische für den deutschen Mittelstand. 1912 als Dorfschmiede gegründet, hat sich Butzkies zu einem der führenden Stahlbau-Unternehmen in Deutschland entwickelt. Das Kerngeschäft liegt im Bereich Stahlbau, Stahlhochbau sowie im Stahlanlagenbau und im Industriebau. Heute verfügt der Familienbetrieb, mit Sitz im mittelholsteinischen Krempe, in seiner Branche über einen der modernsten Maschinenparks in Deutschland. Butzkies betreut zahlreiche Stahlbauprojekte, angefangen von der Planung, bis hin zur Fertigung der Stahlteile und der schlüsselfertigen Montage von Anlagen.

Für das Tagesgeschäft setzt Butzkies auf SteelOffice, eine Branchensoftware, die speziell für den Stahlbau entwickelt wurde. Das PPS-System bildet sämtliche Abläufe des branchenüblichen Tagesgeschäfts ab. Probleme machte den Holsteinern, neben der veralteten IT-Infrastruktur, das Programm für die Finanzbuchhaltung. Unzureichende Schnittstellen zur Branchensoftware, ein fehlendes Zeitmanagement und aufwändige Eingabeprozesse, verlangsamten die betrieblichen Abläufe. Aus diesem Grund fiel die Entscheidung für eine neue, moderne Lösung mit einem breiten Funktionsumfang.

Der Zuschlag für das ausgeschriebene Projekt ging an die Vater Gruppe, Kiel. Frank Schröder, Geschäftsführer in der Vater Unternehmensgruppe und Verantwortlicher der Vater ERPteam GmbH, hatte Butzkies Stahlbau bereits bei der Erstellung des Pflichtenheftes kompetent unterstützt. Sein Angebot, mit einem umfassenden Lösungskonzept auf der Basis von SAP in der Business Cloud konnte das Stahlbau-Unternehmen überzeugen. Konzept und Kostenplanung stimmten, zudem waren die Kieler in der Lage, den

von Butzkies vorgegebenen, sehr engen Zeitplan einzuhalten. Innerhalb von vier Monaten ging SAP bei Butzkies in den Produktivbetrieb.

Cloud-Lösung beschleunigt Implementierung

Aufgrund der veralteten IT bei Butzkies wurde die neue Lösung extern in der Vater Business Cloud realisieren. „Die zwei Jahre laufende Cloud-Vereinbarung gibt uns die Möglichkeit, Investitionen in neue Hardware ohne Zeitdruck zu überdenken oder letztendlich
weiter mit dieser Lösung zu arbeiten", erklärt Arne Ruhe, Projektleiter bei Butzkies.

Die neue SAP-Lösung bringt dem Traditionsbetrieb im Arbeitsalltag schon heute eine
Reihe von Vorteilen. So haben sich Buchungsvorgänge deutlich vereinfacht. Die automatisierte Lösung ist weniger zeit- und personalaufwendig und schafft mehr Transparenz.
Darüber hinaus konnten Fehlerquellen eliminiert werden, die aus den zahlreichen manuellen Eingaben resultierten. Der Einsatz der Vater Business Cloud gibt dem Familienunternehmen jetzt die Möglichkeit, in einem fest reservierten Netzwerkbereich des
Partners mit modernsten IT-Infrastrukturen zu arbeiten, ohne selbst in neue Hardware
zu investieren. Das Fachpersonal von Vater betreut die SAP-Lösung von Butzkies rund
um die Uhr und stellt damit die Hochverfügbarkeit sowie eine hohe Performance der
Applikationen sicher. Diese Dienstleistungen sind der der Monatspauschale für den
Cloud-Service enthalten. Eine Skalierbarkeit ist jederzeit möglich, was die Agilität und
Flexibilität von Butzkies deutlich verbessert.

Für das SAP-Projekt bei Butzkies zieht Arne Ruhe eine erste positive Zwischenbilanz:
„auch wenn es für einen mittelständischen Betrieb eher ungewöhnlich ist, können wir
sagen, dass sich für uns der Umstieg auf SAP bisher rentiert hat", so sein Resümee. „SAP
ist durchaus nicht das große Schreckgespenst, das riesige Kosten verursacht. Vielmehr
lohnt sich eine solche Lösung auch für den Mittelstand, wenn man den richtigen Partner
an seiner Seite hat."

T.D.M. verbessert Qualität

Die T.D.M. Telefon-Direkt-Marketing GmbH mit Sitz in Sarstedt bei Hannover ist ein Contact-Center-Dienstleister. Insgesamt werden 400 Mitarbeiter beschäftigt, davon über 300 im Kundenkontakt-Center. Hier werden Anrufe, E-Mails und Chats für Auftraggeber aus unterschiedlichen Branchen bearbeitet. Der Kundenservice basiert auf drei Säulen: Coaching, Produktion und Auftragsmanagement.

Qualität spielt bei dem mittelständischen Unternehmen eine essenzielle Rolle. Die Qualitätsmessung und -sicherung erfolgt über quantitative und qualitative Methoden. So werden beispielsweise Servicelevel, Lost Calls und durchschnittliche Gesprächszeit erhoben, zudem erfolgt ein persönliches Coaching auf Basis von Gesprächsmitschnitten sowie eine automatisierte Gesprächsanalyse mithilfe von voiXen.

Qualität im Kundenkontakt-Center

Herbert Ferdinand, Abteilungsleiter der Produktion, ist für den reibungslosen Ablauf und zufriedene Auftraggeber im Kundenkontakt-Center der T.D.M. verantwortlich. Er stellt sicher, dass das richtige Personal zur Verfügung steht und dem Kunden entsprechende Qualität im Kundenkontakt liefert. Für ihn lag die Herausforderung immer darin, dass das gesprochene Wort flüchtig ist und viel Raum für Interpretation lässt. Deshalb spricht er sich klar für die Aufzeichnung und Analyse von Telefonaten aus. Denn so bleibt einerseits die Umsetzung des Unternehmensmottos „Qualität im Dialog" jederzeit gegenüber den Auftraggebern transparent und andererseits erleichtert dieses Vorgehen das Coaching der Mitarbeiter.

Transparenz gegenüber dem Auftraggeber erhöhen

Qualität im Dialog spielt bei T.D.M. eine große Rolle. voiXen macht es einfach nachzuvollziehen, dass für den Auftraggeber wichtige Begriffe oder Inhalte im Gespräch erwähnt werden und das Image des Unternehmens im persönlichen Kontakt dem Kunden vermittelt wird. Die entsprechenden Stellen im Gesprächsmitschnitt sind mit der Volltextsuche von voiXen schnell auffindbar: „Es ist so einfach wie googlen", hebt Herbert Ferdinand hervor. Und falls es einmal zu Unklarheiten kommen sollte, ob ein Kunde dem Kaufvertrag am Telefon wirklich zugestimmt hat, ist dies dank voiXen einfach nachvollziehbar.

Was bei Sollwörtern funktioniert, geht genauso mit den Tabuwörtern den Tabuwörtern. voiXen gewährleistet so, dass sich Formulierungen mit positivem und negativem Potenzial gezielt zusammenstellen lassen. Auf dieser Basis lässt sich die Kundenansprache kontinuierlich anpassen und verbessern. Die grafische Darstellung der Worst- und Best-Cases macht zudem auf einen Blick greifbar, wo tatsächlich Schulungsbedarf besteht. So rücken an die Stelle zufälliger Erkenntnisse von einst – abhängig davon, was ein Coach oder Trainer beim Silent Monitoring oder Side-by-Side-Coaching gerade mitbekam – fundierte und anwenderfreundlich aufbereitete Daten.

Mit voiXen erhält der Auftraggeber zudem volle Transparenz, denn er selbst kann über die Weboberfläche die Qualitätsparameter einsehen. Und T.D.M. kann die Texttreue klar nachweisen: „Wir können so viel effizienter und treffsicherer arbeiten, da wir die hervorragende Qualität unserer Arbeit belegen können. Dadurch kann ich gegenüber dem Auftraggeber viel sicherer auftreten – ich genieße das", erklärt Herbert Ferdinand.

Im täglichen Kundenkontakt ist es nicht immer möglich zu verhindern, dass ein Gespräch eskaliert, wenn ein Kunde mit einem Produkt oder einer Dienstleistung sehr unzufrieden ist. Doch dank voiXen ist es jetzt möglich, für den Auftraggeber volle Transparenz herzustellen und ihm zu zeigen, wie oft, wann und sogar warum ein Konflikt eskaliert ist. Zudem kann der Teamleiter die Mitarbeiter coachen, sodass sie lernen, besser mit stressigen Situationen umzugehen und Fehler künftig zu vermeiden. Dies trägt dazu bei, die kommunikativen Fähigkeiten der Mitarbeiter nachhaltig zu verbessern und damit zu einem der wichtigsten Ziele von T.D.M.

Kommunikative Fähigkeiten der Mitarbeiter fördern

Oft ist den Agenten nicht bewusst, dass sie bestimmte Formulierungen, die der Auftraggeber ablehnt, also die oben angesprochenen Tabuwörter, verwenden. „Jeder unserer Auftraggeber hat andere Vorstellungen, wie sein Unternehmen am Telefon klingen soll. Mit voiXen können wir ganz einfach selbst konfigurieren, welche Formulierungen und Inhalte wir überprüfen und schulen wollen", so Herbert Ferdinand.

Wenn die Mitarbeiter auf Basis der entsprechenden Aufzeichnungen gecoacht werden, erübrigt sich manche Diskussion. Zudem kristallisiert sich zum Beispiel klar heraus, ob die Verwendung von Phrasen oder Füllwörtern wie „ganz ehrlich" oder „genau" eine Ausnahme darstellt oder ob sich doch eine Angewohnheit des jeweiligen Mitarbeiters dahinter verbirgt. Durch das Hören der eigenen Gespräche stellt sich sehr schnell ein Lerneffekt ein. Und wenn ein Mitarbeiter seine Kompetenzen steigert, gibt ihm dies ein gutes Gefühl, was wiederum in einer verbindlichen und aufgeräumten Sprache mündet. Da wirklich alle Gespräche in die Bewertung einfließen, sind die Bewertungen zudem insgesamt fairer geworden. All das hat dazu geführt, dass sich die Mitarbeiter bei T.D.M mittlerweile auf ihre Bewertungen freuen.

Mehr Zeit zum Coachen

Für die Teamleiter und Coaches hat sich die Arbeit ebenfalls vereinfacht. Die Vorbereitungszeit von Trainings konnte um bis zu 75 % gesenkt werden. Ein Coach benötigt nun etwa 15 Minuten zur Vorbereitung eines 30- bis 60-minütigen Mitarbeitergesprächs – vorher brauchte er dafür im Schnitt eine Stunde. Eine Entlastung besteht beispielsweise darin, dass der Coach gezielt Gespräche heraussuchen kann, in denen Weichmacher, Füllwörter oder Tabuphrasen zu häufig vorkommen. Dadurch bleibt ihm deutlich mehr Zeit für die Schulung und die gezielte Vorbereitung der Mitarbeiter auf ihre anspruchsvolle Tätigkeit.

Außerdem kann der Coach dank der Mitschnitte feststellen, wie freundlich die Mitarbeiter am Telefon tatsächlich sind - worauf T.D.M. besonderen Wert legt. Die Analyse ergab, dass sich die Mitarbeiter von T.D.M. im Kundenkontakt sehr zuvorkommend und höflich verhalten. Das begeistert nicht nur die Coaches und das Management, sondern natürlich auch die Auftraggeber. Die Mitarbeiterfreundlichkeit ist ein Gütekriterium des Unternehmens, das regelmäßig überprüft wird.

Wirtschaftlichkeit steigern

T.D.M. kann mit voiXen auch aufzeigen, welche Bestandteile der Kommunikation zu besseren bzw. schnelleren Abschlüssen führen. So werden Verbesserungspotenziale erkannt und ineffektive Gespräche reduziert. Insgesamt konnte die Gesprächszeit dadurch durchschnittlich um 5 % gekürzt werden. Somit hilft voiXen auch bei der Erfüllung der harten Faktoren und der Kostenoptimierung.

In Zukunft

Bei T.D.M. setzt man auf voiXen, denn die Lösung hat bislang sehr positive Ergebnisse geliefert. Als Contactcenter-Dienstleister ist es für T.D.M. sehr wichtig, den Mitarbeiter in den Fokus zu stellen. Den steigenden Ansprüchen der Endkunden konnte T.D.M. mithilfe der Software voiXen durch konstante Qualitätssteigerung begegnen. Herbert Ferdinand und die Coaches sind zudem begeistert von der Unterstützung aus dem Hause voiXen – sie wissen, dass ihre Anliegen schnell und partnerschaftlich bearbeitet und umgesetzt werden. „voiXen hat uns erhebliche Vorteile gebracht. Zudem entwickelt sich die Technologie mit uns weiter, und das Team von voiXen hat uns bisher optimal unterstützt. Die Nutzung bei uns wird sowohl qualitativ als auch quantitativ weiter ausgebaut, denn ich vertraue voll und ganz der voiXen-Lösung", fasst Herbert Ferdinand die Zukunft der Sprachanalyse bei T.D.M. zusammen.

Auf einen Blick

- 75% Zeitersparnis bei der Coaching-Vorbereitung
- Sicherung der Wording-Vorgaben und Texttreue
- Objektive und faire Mitarbeiterbewertung
- Einfache Überprüfung von Gütekriterien
- Reduktion der Gesprächszeiten um 5 %

„Den steigenden Ansprüchen der Endkunden konnte T.D.M. mithilfe von voiXen durch konstante Qualitätssteigerung begegnen. Diesen Vorteil möchten wir nicht mehr missen. Zudem entwickelt sich die Technologie mit uns weiter, und das Team von voiXen hat uns bisher optimal unterstützt. Die Nutzung bei uns wird sowohl qualitativ als auch quantitativ weiter ausgebaut, denn ich vertraue voll und ganz der voiXen-Lösung", fasst Herbert Ferdinand zusammen.

Kapitel 8: Cloud Computing-Experten im Gespräch

An verschiedenen Stellen im Buch habe ich immer wieder auf Interviews verwiesen, die ich im Rahmen des Cloud Computing Report Podcast mit Kennern des deutschsprachigen Cloud Computing-Marktes führe. Sie berichten dabei über ihre bisherigen Erfahrungen mit dem Thema Cloud Computing, geben ihre Bewertung des aktuellen Status des Cloud Computing-Marktes Deutschland ab und wagen eine Prognose über die zukünftige Entwicklung des deutschsprachigen Cloud Computing-Marktes.

Im Folgenden habe ich eine Auswahl von Interviews in Kurzform zusammengestellt, die meiner Meinung nach auch für Sie als Leser dieses Buchs interessant sein könnten. Es handelt sich dabei nämlich entweder um langjährige Beobachter des deutschen Cloud Computing-Marktes oder Unternehmen, die beweisen, dass man auch mit einer Cloud-Lösung „Made in Germany" erfolgreich sein kann. Darüber hinaus werden Sie sich wundern, was es mittlerweile alles an Cloud-Anwendungen gibt. Einige Beispiele – z.B. Cloud-Lösungen für die Entwicklungshilfe, zur Plagiats- oder sogar zur Terrorbekämpfung – habe ich deshalb ebenfalls in die Sammlung aufgenommen. Und auch das Thema Nachhaltigkeit spielt in Zeiten von Energiewende, E-Mobilität und „Fridays for Future"-Bewegung eine immer größere Rolle. Die vollständigen Interviews finden Sie dann im Cloud Computing Report-Podcast. Die entsprechenden Links habe ich am Ende des jeweiligen Interviews eingefügt.

Der Cloud Computing-Pionier: Interview mit Frank Schmidt, Onventis GmbH

Gleich zur Premiere des Cloud Computing Report-Podcasts hatte ich mit Frank Schmidt von der Firma Onventis einen der Cloud Computing-Pioniere zu Gast. Ich habe das

Unternehmen bereits in meinem Rückblick auf die Marktentwicklung in Deutschland kurz vorgestellt. Auch im Interview ließen wir die Onventis-Firmengeschichte noch einmal kurz Revue passieren: Von den Anfängen als Application Service Provider (ASP), der seine E-Procurement-Lösung im Mietmodell anbot, bis zum heutigen Anbieter einer cloudbasierten E-Procurement-Plattform unter dem Motto: "Connecting Buyer & Supplier". Onventis wurde bereits 2000 gegründet, also zu einer Zeit, als der Begriff Cloud Computing noch überhaupt nicht präsent war. Wie Herr Schmidt im Interview erklärt, war Onventis zu Beginn ein klassischer ASP-Anbieter, der Beschaffungssoftware entwickelte und im mietvertraglichen Modell an Unternehmenskunden verkaufte. Die dabei berechnete Monatsmiete sei ein Mischumsatz aus Softwarelizenz, Infrastruktur sowie den Implementierungs- und Betriebsservices gewesen. Zielgruppe für dieses Geschäftsmodell waren kleine und mittlere Unternehmen, die sich eine teure Softwarelizenz selbst nicht leisten konnten.

Doch bereits sehr früh, so der Onventis-Geschäftsführer weiter, interessierten sich auch einige signifikant größere Unternehmen für dieses Betriebsmodell. Und so konnte das Unternehmen in der Folgezeit „peu à peu", allerdings wenig nachhaltig und ohne große Wachstumssprünge, wachsen. 2013 erfolgte dann eine komplette Restrukturierung des Unternehmens. 2015 konnte ein strategischer Investor gewonnen werden, der die weitere Entwicklung unterstützte. Mittlerweile wächst das Unternehmen jährlich im zweistelligen Bereich. Der Vertragsbestand an Cloud-Kunden konnte im Zeitraum von 24 Monaten bis zum Interview, das im Frühjahr 2018 stattfand, um 80 Prozent gesteigert werden. Dabei habe man verstärkt in den Beratungsbereich investiert, denn so Herr Schmidt im Gespräch, sei es letztendlich ja egal, woher die Applikation kommt: Aus der Public Cloud, aus der Private Cloud, aus der Hybrid Cloud oder aus dem eigenen Rechenzentrum – oder aus der Steckdose. Es werde stets eine erstklassige Beratungsqualität benötigt, um die damit verbundene Digitalisierung auch richtig umzusetzen.

Interessant fand ich die Ausführungen des Onventis-Geschäftsführers zur Entwicklung des Bereichs E-Procurement im allgemeinen und Cloud Procurement im speziellen – weg vom reinen Applikationsansatz hin zum Plattformansatz. Und damit sind wir auch gleich beim nächsten Thema, der Frage, wie die Tatsache zu bewerten ist, dass alle großen Cloud-Plattform-Anbieter amerikanische Unternehmen sind. Herr Schmidt stellt dem deutschen Cloud-Anbietermarkt im internationalen Vergleich kein sehr gutes Zeugnis aus. Die deutsche Digitalwirtschaft habe in den letzten Jahren schon etwas den Anschluss verloren. Eine Änderung dieser Situation sieht er in Zukunft nicht. Über die Gründe sprechen wir im Interview.

Cloud made in Germany: Ein Verkaufsargument

Weshalb die Firma Onventis auf der einen Seite international tätig ist, und dabei dennoch die "Cloud made in Germany" propagiert, haben wir im Interview dann ebenfalls besprochen. Und letztendlich gelang es sogar, gemeinsam einen "Blick in die Kristallkugel" zu werfen, selbst wenn Herr Schmidt dies nach eigener Aussage lieber den Marktforschern und -analysen überlässt.

Das komplette Interview aus dem April 2018 finden Sie unter www.cloud-computing-report.de/podcast-folge-1.

Mit Cloud Security aus Hannover in die ganze Welt: Interview mit Oliver Dehning, Hornetsecurity

Ein weiteres Unternehmen, das als reiner Cloud Services Provider in Deutschland gegründet wurde, es mittlerweile aber auch geschafft hat, international erfolgreich zu sein, ist die Firma Hornetsecurity. Das Unternehmen wurde bereits 2007, damals noch unter dem Namen antispameurope, gegründet und beschäftigte sich anfänglich – wie der Name unschwer vermuten lässt – mit dem Thema Spamabwehr.

Mittlerweile bietet das Unternehmen unter dem Namen Hornetsecurity ein komplettes Portfolio an Cloud Security Services und ist international tätig. Im Interview unterhalte ich mich mit Hornetsecurity Mitgründer und Geschäftsführer Oliver Dehning.

Cloud Computing und indirekter Vertrieb: Geht das?

Eine Besonderheit von Hornetsecurity im Vergleich zu vielen anderen Cloud Service Providern ist die Tatsache – darauf bin ich bereits an anderer Stelle kurz eingegangen –, dass das Unternehmen seine Lösungen ausschließlich indirekt über ein internationales Partnernetz vertreibt. Cloud Computing und indirekter Vertrieb werden ja auch heute noch häufig als "nicht kompatibel" beschrieben. Im Gespräch erklärt Herr Dehning, weshalb sein Unternehmen das Gegenteil beweist und wie das Partnermodell in der Praxis funktioniert. Für das indirekte Vertriebsmodell sprechen aus seiner Sicht eine ganze Reihe von Gründen. Besonders wichtig sei gerade im Cloud Computing Business das Vertrauen beim Kunden. Denn anders als beim On-Premise-Modell, bei dem der Kunde ein Werkzeug erhält, mit dem er seine Daten verarbeiten kann, gibt dieser beim Cloud Computing-Modell dem Cloud Service Provider seine Daten, damit dieser sie verarbeitet. Dafür sei ein besonderes Vertrauensverhältnis erforderlich. Gerade bei kleinen und mittleren Unternehmen sind die Partner im indirekten Vertriebskanal wichtige Mittler. Sie arbeiten in der Regel bereits länger mit ihren Kunden zusammen und besitzen deshalb dieses Vertrauen bereits. Bei der Zusammenarbeit mit einem Cloud-Dienstleister übernimmt das Systemhaus dann die Rolle eines so genannten „trusted advisors" und prüft die Dienste des Cloud Service Providers.

Interessant sind die Ausführungen des Hornetsecurity Geschäftsführers zum Vergleich der unterschiedlichen Cloud-Märkte, in denen das Unternehmen tätig ist, z.B. Großbritannien, Italien, Skandinavien oder auch die USA. So sei beispielsweise der amerikanische Cloud-Markt gar nicht so viel weiterentwickelt als beispielsweise der deutsche Cloud-Markt.

Was Herr Dehning noch über den internationalen Cloud-Markt zu berichten weiß und wie er die zukünftige Entwicklung des Marktes in seinem Marktsegment Cloud Security einschätzt, erfahren Sie im Interview im Cloud Computing Report Podcast unter www.cloud-computing-report.de/podcast-folge-2.

Mit Open Source zu einer wettbewerbsfähigen Cloud-Infrastruktur: Interview mit Christina Kraus, meshcloud

Meine erste weibliche Gesprächspartnerin im Cloud Computing Report Podcast war Christina Kraus, Mitgründerin der Firma meshcloud. Mit Slogans wie "Die deutsche Cloud für Ihre Applikationen" oder "Hosten Sie Ihre Applikationen in Deutschland" bekennt sich das Unternehmen ganz klar zum Standort Deutschland.

Gründen in Deutschland: Erfahrungen einer Cloud-Gründerin

Zuerst einmal unterhielten wir uns über die „Gründungsstory" hinter meshcloud. Die meshcloud Gründer starteten das Projekt direkt aus der Uni heraus, genauer gesagt der TU Darmstadt als EXIST-Projekt. Frau Kraus erklärt: „EXIST ist ein Programm des Bundeswirtschaftsministeriums, das es Gründungsprojekten ermöglicht, die Idee zu entwickeln und ein Jahr zu testen. Das Ganze haben wir dann gestartet mit HIGHEST, dem Gründerzentrum der TU Darmstadt. Das Ziel des Projekts war es, in erster Linie europäischen Unternehmen vertrauenswürdige Cloud-Infrastrukturen anzubieten." Das Gründerteam hatte beobachtet, dass es auf dem Markt jede Menge leistungsstarke Cloud-Technologien gibt, insbesondere im Open Source-Bereich. Diese Technologien seien wie letztendlich, so Frau Kraus im Interview essentiell für die agile Transformation von Unternehmen und die Entwicklung zukunftssicherer Produkte. Viele Unternehmen gerade in Europa, so die meshcloud-Mitgründerin weiter, seien aber gehemmt, neue Technologien einzuführen, weil dies häufig automatisch bedeutet, dass sie sich auf amerikanische Anbieter verlassen müssen. Deshalb hätten sie und ihre Mitgründer auch meshcloud mit dem Ziel gegründet, Unternehmen eine Infrastruktur zu bieten, über die sie die Kontrolle haben und die nicht aus den USA gesteuert wird.

Zum Zeitpunkt des Interviews im Frühsommer 2018 bot meshcloud zwei Lösungen: Die eine Lösung ist eine Open Source-basierte Cloud Plattform in Kooperation mit deutschen Rechenzentren. Zur zweiten Lösung erklärte Frau Kraus im Interview: „Das zweite Angebot, das wir anbieten, ist ein Cloud-Portal für private Cloud-Umgebungen, also Cloud-Umgebungen, die in unternehmenseigenen Rechenzenten betrieben werden. Dieses Portal ermöglicht letztendlich die Verwaltung von Cloud-Ressourcen im Unternehmen. Dazu gehören Nutzermanagement, Authentifizierung oder Abrechnung."

Aus zwei mach eins: Lösung für Multi-Cloud Management

Besucht man heute die Webseite von meshcloud, so findet man dort nur noch eine Lösung für den Bereich Multi-Cloud Management", der – zumindest, wenn man die Funktionen wie Identity Management, Access Management oder Billing betrachtet – aus der ursprünglich zweiten Lösung hervorgegangen sein muss. Die Cloud-Plattform in Kooperation mit deutschen Rechenzentren ist dagegen aus dem Lösungsangebot verschwunden.

Fazit: Das Thema „deutsche Cloud für Ihre Applikationen" als Gegengewicht zu den internationalen Plattformanbietern scheint bei meshcloud nicht mehr aktuell. Dies wird auch dadurch unterstrichen, dass mit der aktuellen Lösung auch Plattformen wie Amazon Web Services, Microsoft Azure oder die Google Cloud Platform administriert werden können. Als deutsches Startup-Unternehmen gegen die großen Cloud-Giganten bestehen zu wollen, scheint doch nicht so einfach zu sein. Dagegen scheint der Fokus von meshcloud mittlerweile ganz klar auf dem Thema Multi-Cloud Management – also der zentralen Verwaltung verschiedener im Unternehmen eingesetzter Cloud-Anwendun-

gen und -Plattformen zu liegen. Auf die immer größer werdende Bedeutung dieses Themas bin ich an anderer Stelle bereits eingegangen.

Das komplette Interview mit Frau Kraus finden Sie im Cloud Computing Report-Podcast
unter www.cloud-computing-report.de/podcast-folge-6.

Cloud Computing für Banken und Versicherungen: Interview mit Pe-
ter Bauer, matrix technology AG

Ein weiterer Interviewgast im Cloud Computing Report Podcast war Peter Bauer, Director Sales & Marketing bei der matrix technology AG aus München. Das Unternehmen ist
unter anderem im Bereich IT-Outsourcing im regulierten Umfeld, das heißt für Banken,
Versicherungen und sonstige Finanzdienstleister tätig.

Im Interview sprechen wir darüber, weshalb diese Unternehmen immer häufiger in die
Cloud – und dabei sogar in die Public Cloud – streben. Darüber hinaus unterhalten wir
uns darüber welche regulatorischen Vorgaben dabei zu beachten sind.

BaFin und Cloud Computing

Die Bundesanstalt für Finanzdienstleistungsaufsicht, kurz BaFin, hatte zwar in einer Veröffentlichung im Frühjahr 2018 das Thema Public Cloud aufgegriffen und mögliche Hür-
den für den Einsatz im Finanzdienstleistungsbereich skizziert. Klare Grenzen und Regeln
gibt es aber nicht. Damit muss jedes Unternehmen selbst entscheiden, wie es diese Vorgaben interpretiert. Im Gespräch erläutert Herr Bauer seine Interpretation.

Die BaFin-Vorgaben sind lediglich sehr allgemeine Vorgaben, bei denen es zuerst einmal
unerheblich ist, ob es sich um ein klassisches Outsourcing an einen Dienstleister oder
eine Verlagerung in die Public Cloud handelt. Die Interpretation liegt letztendlich beim

Unternehmen selbst. Dabei ist, so Herr Bauer im Gespräch, Public Cloud kein „No Go"
für Finanzdienstleister mehr. Es müssten lediglich bestimmte Regel und Vorgaben be-
folgt und ein gewisser Prozess durchschritten werden, bevor Services in die Public Cloud
ausgelagert werden.

BaFin und die großen Public Cloud-Anbieter aus den USA

Nun stammen ja alle großen Public Cloud-Anbieter wie Amazon, Microsoft oder Google
aus den USA. Da stellt sich natürlich die Frage, wie diese Unternehmen auf die BaFin-
Vorgaben reagieren. In seiner eigenen Erfahrung mit den Firmen Amazon und Microsoft
hat Herr Bauer festgestellt, dass immer sensibler auf diese Vorgaben reagiert werde. Die
Anbieter öffnen sich – so die Erkenntnis des matrix Experten – immer mehr dieser etwas
speziellen Kundenklientel Finanzdienstleister und Versicherungen. Dies gilt insbesondere für die beiden Bereiche Durchgriffsrecht und Prüfungsrecht. Zu diesen beiden Themen äußerte das BaFin in seiner eingangs zitierten Veröffentlichung seine größten Vorbehalte. Die Bafin-Bedenken sind in der Frage begründet, ob man denn tatsächlich als
Finanzdienstleister auch im Public Cloud-Umfeld seinen Dienstleister, zum Beispiel AWS,
vollständig prüfen kann. Man merke allerdings jetzt, so Herr Bauer weiter, dass die
Public Cloud-Anbieter bereit sind, die Prüfrechte einzuräumen. Im weiteren Gespräch
sprechen wir dann noch über die optimale Vorgehensweise für Banken und Versicherungen beim Gang in die Public Cloud.

Das vollständige Interview mit Herrn Bauer gibt's im Cloud Computing Report-Podcast
unter www.cloud-computing-report.de/podcast-folge-10.

Deutschlands erster reiner Cloud-Distributor: Interview mit Henning Meyer, acmeo

Auf das Thema Cloud Computing und klassischer IT-Channel bin ich ja bereits an anderer Stelle eingegangen. Auch im Rahmen des Cloud Computing Report-Podcasts beschäftige ich mich regelmäßig mit diesem Thema. Und so traf ich mich bereits Ende 2018 zum Interview mit Henning Meyer, Gründer und Geschäftsführer der Firma acmeo.

Das Unternehmen hat sich von Anfang an als Cloud Distributor im deutschen Markt positioniert. Im Interview unterhalten wir uns darüber, wie es zu dieser Ausrichtung kam. Schließlich galten Cloud Computing und klassischer Vertriebskanal ja lange als nicht kompatibel. acmeo, so Herr Meyer im Interview, hat das Thema Cloud zu Beginn mit dem einem Produkt zum Thema IT-Management aus der Cloud und Backup in die Cloud begonnen. Dies habe dann sehr gut funktioniert. Dabei handelte es sich fast um eine Hybrid-Thematik, denn dieses IT-Management aus der Cloud wurde vorrangig dazu benutzt, um lokale Ressourcen zu monitoren und zu managen. Auf Grund dieses Erfolgs konzentrierte sich acmeo dann darauf, ausschließlich Cloud-Lösungen anzubieten. Herr Meyer sieht in dieser Fokussierung letztendlich auch die Grundlage für den heutigen Erfolg seines Unternehmens.

Darüber hinaus sprechen wir darüber, wie schwierig es war, Hersteller, aber insbesondere Systemhauspartner vom acmeo Konzept zu überzeugen und welche Argumente noch heute für dieses Konzept sprechen.

Auf Herstellerseite, so Herr Meyer im Interview, half es acmeo, dass man sich ausschließlich auf Hersteller konzentrierte, die bereits „in der Cloud-Welt angekommen" waren. Was die Systemhäuser betrifft, überrascht Herr Meyer mit der Aussage, dass es eigentlich noch am einfachsten gelang, die Systemhauspartner zu überzeugen. Die Gründe dafür lagen in der persönlichen Historie von Herrn Meyer, wie er im Interview weiter ausführt.

Der Cloud Computing-Zug in Deutschland: Aufsprung verpasst (?)

Der Cloud Computing-Zug nimmt ja mittlerweile auch in Deutschland an Fahrt auf und da stellt sich natürlich die Frage, ob es heute für Systemhäuser überhaupt noch möglich ist, auf diesen Zug aufzuspringen. Herr Meyer warnt in diesem Zusammenhang zuerst einmal vor dem „Cloud-Kistenschieben", wie er es nennt. Viele Systemhäuser würden heute einfach eine Standard-Cloud-Anwendung wie zum Beispiel Microsoft Office 365 eins zu eins an den Kunden weitergeben und fühlten sich damit „in der Cloud-Neuzeit angekommen".

Dieses Business, so Herr Meyer im Gespräch, ist aber mittlerweile Commodity-Geschäft geworden. Stattdessen rät er Systemhäusern, kein Cloud-Kistenschieben zu betreiben, sondern in Betreiberkonzepte für Kunden einzusteigen also dem Kunden eine Gesamtlösung zu bieten.

Wie eine solche Gesamtlösung aussehen kann, verrät Herr Meyer dann im Interview unter www.cloud-computing-report.de/podcast-folge-12.

Der klassische IT-Channel und die Cloud: Interview mit Olaf Kaiser, UBEGA Consulting

Und noch ein Experten-Statement zum Thema klassischer IT-Channel und Cloud Computing. Ende Oktober 2019 unterhielt ich mich mit Olaf Kaiser von der Firma UBEGA Consulting über dieses Thema. Herr Kaiser ist ein langjähriger Kenner der IT-Systemhaus-Landschaft in Deutschland, war mehrere Jahre Geschäftsführer der größten deutschen Systemhauskooperation und ist heute als Coach und Unternehmensberater in diesem Umfeld tätig.

Im Mittelpunkt unseres Gesprächs steht deshalb auch die Frage, wie der klassische IT-Channel in Deutschland sich auf den Gang in die Wolke vorbereitet bzw. diesen Gang bereits vollzogen hat. Stichwort: Managed Service Provider

Cloud Computing und klassischer IT-Channel nicht kompatibel: Weshalb?

Zuerst sprachen wir über die lange Zeit vorherrschende Meinung, dass Cloud Computing-Modell und klassischer IT-Channel nicht kompatibel seien. Ich fragte Herrn Kaiser, wie es dazu kam. Seiner Meinung nach gibt es dafür mehrere Gründe: Zum einen ging es dem IT-Channel – Herr Kaiser quantifiziert diese Unternehmensgruppe auf sieben- bis zehntausend Unternehmen in Deutschland – in den letzten fünf bis zehn Jahren verhältnismäßig gut. Die Auslastung war hoch und aus diesem Grund war die Notwendigkeit bzw. Motivation bei den Unternehmen, an dieser Situation etwas zu ändern, nicht besonders hoch. Darüber hinaus führt das Thema Cloud, so Herr Kaiser, noch zu einer spezifischen Herausforderung. Ein Cloud-Business – so der Channel-Experte – lässt sich seiner Erfahrung nach mit Standard-Blaupausen und Best Practices-Seminaren nicht so leicht „zum Fliegen bringen". Stattdessen hängt der Start in das Cloud-Geschäft in der Regel von der individuellen Situation des einzelnen Systemhauses ab. „Welche Kunden habe ich? Was kann ich denn heute schon gut?" sind die Fragen, die jedes Systemhaus für sich selbst beantworten muss. Als dritten Grund für die anfängliche Zurückhaltung des klassischen IT-Channels beim Thema Cloud in Deutschland nennt Herr Kaiser die besonderen Herausforderungen beim Vertrieb von Cloud-Lösungen

Der Mix aus diesen drei Gründen – Es geht dem Unternehmen gut, die Cloud greift echt ins Geschäftsmodell ein und man muss es auch noch verkaufen – führte laut Herrn Kaiser dazu, dass es lange keine so große Annäherung an das Thema Cloud Computing im Systemhausumfeld gab.

Der MSP-Zug ist abgefahren

So lautet die klare Antwort von Herrn Kaiser auf die Frage, wie ein Systemhaus, das heute noch vor der Entscheidung steht, sich zum Managed Service Provider zu wandeln, am besten vorgehen sollte. Klassische Dinge wie Monitoring, Patchen, Antivirus oder Backup würden heute in Hülle und Fülle angeboten. Aus diesem Grund bleibe für Systemhäuser, die erst jetzt in das Cloud Business einsteigen, lediglich die Rolle eines „schlechten Mitläufers". Herr Kaiser gibt diesen Systemhäusern deshalb den Ratschlag, nicht schneller zu laufen, um auf den bereits abgefahrenen Zug noch aufspringen zu können, sondern „lieber auf den Fahrplan zu schauen, was denn der nächste Zug sein könnte, und dann in diesen zu steigen." Wie dieser „nächste Zug" aussehen könnte, besprechen wir dann an einem konkreten Beispiel.

Das Interview mit Herrn Kaiser finden Sie im Cloud Computing Report-Podcast unter www.cloud-computing-report.de/podcast-folge-47.

Cloud Computing und Nachhaltigkeit Beispiel 1: Interview mit Dr. Jens Struckmeier, Cloud&Heat Technologies

Wie in vielen anderen Wirtschafts- und Technologiebereichen spielt das Thema Nachhaltigkeit natürlich auch beim Cloud Computing eine zentrale Rolle. Die Ausgangssituation sieht dabei alles andere als „grün" aus.

Bereits 2012 untersuchte Greenpeace in einer Studie mit dem Titel "How Clean is Your Cloud?" die Auswirkungen der stetig wachsenden Informationsindustrie auf den Energieverbrauch und die Umwelt. Dabei wurde auch der Energieverbrauch sämtlicher Cloud-Rechenzentren auf der Welt mit dem Energieverbrauch der größten Länder gegenübergestellt.

Ergebnis: Ein "Cloud-Land" würde sich laut Greenpeace auf Platz 5 der Liste der weltgrößten Energieverbraucher einreihen – noch vor Deutschland.

Aktuelle Erhebungen bestätigen diese Zahlen. Wie ich gelesen habe, sind Cloud-Rechenzentren schon heute für drei Prozent des weltweiten Stromverbrauchs verantwortlich. Tendenz rasch steigend.

Grund genug, sich einmal auf dem Markt umzuhören, wie die Anbieterseite, also die Betreiber von Cloud-Rechenzentren, mit dem Thema Nachhaltigkeit umgehen.

Die Firma Cloud&Heat Technologies aus Dresden entwickelt, baut und betreibt energieeffiziente "grüne", sichere und skalierbare Rechenzentren mit dem Ziel, auch den ökologischen Anforderungen der Cloud-Zukunft gerecht zu werden. Im Interview für den Cloud Computing Report-Podcast erläutert Dr. Jens Struckmeier, Gründer und CTO von Cloud&Heat das technische Konzept der Kombination aus „Wolke" und „Hitze".

Das Unternehmen nutzt das durch die Kühlung der Rechenzentrumsinfrastruktur entstandene Warmwasser, um das Gebäude, in dem sich das Rechenzentrum befindet, aber auch benachbarte Gebäude zu beheizen oder mit warmem Wasser zu versorgen. Die Energieeffizienz des Gesamtsystems wird damit deutlich verbessert.

Wir unterhalten uns auch darüber, wie Herr Dr. Struckmeier auf die Idee kam und was der Hausbau eines Kollegen damit zu tun hat. Als Zielgruppe definiert Dr. Struckmeier „alle Unternehmen, die IT-Infrastruktur benötigen." Dies sind natürlich zuerst einmal Rechenzentrumsbetreiber, aber auch Gewerbeimmobilien mit mittelständischen Unternehmen. Darüber hinaus zeigen sich immer mehr Energieversorger an diesem Thema interessiert. Diese Unternehmen so Herr Dr. Struckmeier im Gespräch, erschließen sich gerade neue Geschäftsfelder, kennen das Thema Wärme sowieso bereits, sind mit dem Thema Energiestrom vertraut und haben teilweise sogar selbst Glasfaserleitungen in ihrem Besitz.

Hightech-Standort Deutschland: Besser als sein Ruf

Cloud&Heat Technologies ist noch ein junges Unternehmen, das in Deutschland gegründet wurde. Da stellt sich natürlich gleich die Frage nach dem Hightech-Standort Deutschland. Herr Dr. Struckmeier berichtet über seine eigenen Erfahrungen und erläutert, weshalb es – zumindest im Bereich Energieeffizienz – mit dem Hightech-Standort Deutschland gar nicht so schlecht bestellt ist.

Auf dem Weg zum "Einhorn"

Etwas anders fällt dann die Bewertung von Dr. Struckmeier des Standorts Deutschland in Bezug auf Startup-Investitionen aus. Sein Unternehmen wurde 2019 als eines der 50 wachstumsstärksten Technologieunternehmen Europas ausgezeichnet. Es wurde außerdem auf die Liste der zukünftigen so genannten „Einhörner" gesetzt, also der Unternehmen mit einer Firmenbewertung von mehr als einer Milliarde Dollar. Im Interview spricht Dr. Stuckmeier über die wichtige Rolle von Risikokapital, wenn man als Technologieunternehmen erfolgreich sein möchte.

Für den Standort Deutschland wünscht er sich doch eine höhere Risikobereitschaft, in neue Ideen und Firmen zu investieren, sowie eine bessere "Scheiterkultur".

Das komplette Interview gibt es im Cloud Computing Report-Podcast (www.cloud-computing-report.de/podcast-folge-26).

Cloud Computing und Nachhaltigkeit Beispiel 2: Interview mit Thomas Reimers, Windcloud

Und noch ein Beispiel für das Thema Cloud Computing und Nachhaltigkeit. Auch in diesem Fall lässt bereits der Firmenname erkennen, welche Energieform zum Einsatz kommt, um die Cloud-Ökobilanz zu verbessern: War es bei Cloud&Heat die Wärme, so ist es bei Windcloud – genau, der Wind.

Die Firma Wincloud betreibt CO_2-neutrale Rechenzentren und hat sich dafür einen geeigneten Standort an der deutschen Nordseeküste gesucht. Mein Gesprächspartner für das Cloud Computing Report Podcast-Interview war der CEO des Unternehmens Thomas Reimers.

Im Mittelpunkt des Interviews stehen die Themen Nachhaltigkeit, Effizienz und Wirtschaftlichkeit klimaneutraler Cloud-Rechenzentren. Dabei sprechen wir zuerst einmal darüber, wie es technisch gelingt, CO_2-neutrale Rechenzentren aufzubauen und zu betreiben. Dabei spielt wie bereits eingangs erwähnt der Standort eine zentrale Rolle. Windcloud baut und betreibt, wie Herr Reimers im Gespräch erläutert, seine Rechenzentren konsequenterweise dort, wo nahezu unerschöpfliche Mengen grüner Energie immer wieder entstehen – im hohen Norden Deutschlands inmitten der größten Windparks Europas. Allein in Schleswig-Holstein stehen Windkraftanlagen mit über 6800 MW installierter Leistung. Oft kann die damit produzierte Energie aufgrund infrastruktureller und regulatorischer Beschränkungen gar nicht genutzt werden.

189

Als lokaler Großabnehmer nutzt Windcloud alle technischen Möglichkeiten, um große Mengen Windstrom vor Ort direkt zu verbrauchen und ihn weitestgehend Umlagen-befreit einzukaufen.

Ziel: Komplett klimaneutrales Cloud-Ökosystem

Danach sprechen wir über die Vision von Herrn Reimers, ein komplett klimaneutrales Cloud-Ökosystem zu entwickeln. Eine zentrale Rolle spielt dabei die so genannte „Abwärmeveredelung". Ganzheitlich betrachtet, so Herr Reimers im Interview, wird der in einem Rechenzentrum verbrauchte Strom fast komplett in Abwärme umgewandelt: Virtuell in Rechenleistung oder Datenspeicher, aber physikalisch wird daraus Abwärme – und die verpufft bei den meisten Rechenzentren. Man könnte aber fünfzig bis siebzig Prozent davon weiter nutzen, um eine weiterführende Wertschöpfung zu betreiben, die dann auch Geld verdient. Aus diesem Grund wurden in unmittelbarer Nachbarschaft der Windcloud Rechenzentren mit geeigneten Partnerunternehmen innovative Industrie-Projekte angesiedelt, die die entstehende Abwärme lokal veredeln (Indoor Farming, Fisch- und Algenzucht, Biomasse-Trocknung, etc.) und mittels Rückvergütung der genutzten Wärmeenergie die Gesamtwirtschaftlichkeit des Ökosystems, insbesondere der Cloud-Lösungen, deutlich steigern.

Das vollständige Interview mit Herrn Reimers finden Sie im Cloud Computing Report-Podcast unter www.cloud-computing-report.de/podcast-folge-48.

Cloud Computing in der Entwicklungshilfe: Interview mit Nicolas Moser, Mainlevel Consulting AG

Wie eingangs zu diesem Kapitel bereits erwähnt, versuche ich im Rahmen meiner Interviews für den Cloud Computing Report-Podcast auch immer wieder, die „eingetretenen Pfade" zu verlassen und Beispiele für Cloud Computing-Lösungen vorzustellen, die sich außerhalb des „Cloud-Mainstreams", also CRM, Projektmanagement, Collaboration, Dokumentenmanagement oder ähnliches, bewegen. Ein Beispiel, das ich Ihnen im Folgenden kurz vorstellen möchte, ist die Mainlevel Consulting AG. Das Unternehmen aus Frankfurt/Main berät in den Bereichen Monitoring und Evaluation sowie Digitalisierung und arbeitet dabei hauptsächlich für öffentliche Auftraggeber in der Entwicklungszusammenarbeit. Früher nannte man den Bereich Entwicklungshilfe. Wichtigster „Kunde" in Deutschland ist die Gesellschaft für internationale Zusammenarbeit GIZ. Darüber hinaus arbeitet Mainlevel Consulting auch für vergleichbare Institutionen in Österreich und der Schweiz, die Vereinten Nationen oder die Europäische Union.

Im Dezember 2018 hatte ich Nicolas Moser, Chief Technology Officer der Mainlevel Consulting AG, im Interview zu Gast.

Im Gespräch unterhalten wir uns zuerst einmal darüber, was sich genau hinter dem Begriff M & E, also Monitoring und Evaluation, verbirgt. Die Auftraggeber von Mainlevel Consulting stammen aus dem öffentlichen Bereich und arbeiten deshalb in der Regel auch mit öffentlichen Geldern, sprich Steuergeldern. Sie haben damit auch eine gewisse Verantwortung, transparent berichten zu können, was für Aktivitäten eigentlich durchgeführt wurden, welche Wirkungen erzielt wurden und wofür das Geld letztendlich auch ausgegeben wurde. Projekte werden heute wirkungsorientiert durchgeführt, d.h. Geld fließt nicht einfach nur, sondern es wird danach auch überprüft: Was wurde bei der Zielgruppe auch wirklich bewirkt? So reicht laut Herrn Moser die Aussage „Es werden fünf Millionen Euro in Schulen investiert" heute allein nicht mehr aus. Es muss vielmehr detailliert erfasst werden, welche Wirkung damit erzielt wurde. Daraus ergeben sich konkrete Wirkungsmodelle mit Abhängigkeiten und jede Menge Daten, die ausgewertet werden müssen. Genau an dieser Stelle setzt die Mainlevel Consulting mit seiner Cloud-Lösung an.

Mainlevel Consulting: „A Globally Acting Company"

Obwohl Mainlevel Consulting noch ein sehr junges Unternehmen ist, ist es bereits in über 34 Ländern weltweit tätig und bezeichnet sich selbst als "globally acting company". Zum Zeitpunkt des Interviews waren Berater von Mainlevel Consulting in der Mongolei, in Burkina Faso, in Malawi und auf den Philippinen tätig. In der folgenden Woche flog ein Berater dann auch noch nach Lesotho. Herr Moser erläutert im Gespräch, was diese globale Tätigkeit für das tägliche Geschäft bedeutet und welche Bedeutung Cloud Computing in diesem Zusammenhang hat.

Der gesamte Software-Stack der Cloud-Lösung von Mainlevel Consulting basiert auf Open Source-Technologie. Dabei orientiert sich das Unternehmen an den Konzepten der CNCF, der Cloud Native Computing Foundation. Das heißt, die Software wird als Micro Services entwickelt und in Docker Container paketiert, um sie dann in einem Cloud Orchestration Framework zu betreiben. Ergänzend dazu gibt es auch die entsprechenden mobile Apps, um Daten zu sammeln und auszuwerten, aber natürlich auch die entsprechenden Web Clients. Alle Daten liegen in einem Rechenzentrum in Frankfurt.

Cloud Services Made in Germany für die ganze Welt

Mainlevel Consulting engagiert sich unter anderem in der Initiative Cloud Services Made in Germany, die ich bereits an anderer Stelle erwähnt habe. Im Interview kommen wir deshalb auch auf die Themen Datenschutz und Datensicherheit zu sprechen und die Frage, was „Made in Germany" im Zusammenhang mit den Cloud-Lösungen des Unternehmens bedeutet. Herr Moser erläutert, wie wichtig Datenschutz und Datensicherheit für seine Kunden sind. Viele der Mainlevel Consulting Auftraggeber haben ihren Sitz in der EU und fallen damit unter die DSGVO. Die meisten Fragen, die gestellt werden, lauten deshalb: Welche personenbezogenen Daten werden gehalten? Wo werden diese Daten gehalten und wer bekommt Zugriff auf diese Daten? Darüber hinaus arbeitet Mainlevel Consulting in vielen Projekten mit sensiblen Daten. Gerade bei Projekten in Bereichen wie Armutsbekämpfung, Migration oder Gewalt gegen Frauen ist das Thema Datenschutz deshalb essenziell. Auch das Thema Anonymität spielt, gerade bei Umfragen, eine zentrale Rolle. Und deshalb verfolgt Mainlevel auch eine „Made-in-Germany"-Strategie. Wie Herr Moser erläutert, wird die komplette Software in Deutschland entwickelt, es gibt kein Nearshore oder Offshore, das Rechenzentrum liegt Deutschland. Damit hat Mainlevel Consulting die vollständige Hoheit über die Daten und kann dies auch an seine Kunden weitergeben.

Das komplette Interview mit Herrn Moser finden Sie im Cloud Computing Report-Podcast (www.cloud-computing-report.de/podcast-folge-15).

Plagiate jagen mit der Cloud: Interview mit Markus Goldbach, PlagScan

Ein weiteres „spannendes" Beispiel für eine Cloud Computing-Lösung außerhalb der klassischen Anwendungsbereiche, das ich Ihnen kurz vorstellen möchte, ist PlagScan. Ende 2019 hatte ich Gelegenheit, mich mit dem Gründer und Geschäftsführer Markus Goldbach zu unterhalten. Bei PlagScan handelt es sich um eine so genannte „Plagiatssoftware".

Im Interview sprechen wir zuerst natürlich darüber, wie man auf die Idee kommt, eine Plagiatssoftware zu entwickeln. Wie Herr Goldbach erklärt, stammt die Idee aus dem Bildungs- und Lehrbetrieb. Sein Kompagnon Dr. Johannes Knabe lebte zu seiner Promotionszeit bereits mit seiner heutigen Frau zusammen, die als Lehrerin Facharbeiten von

Schülern korrigieren musste. Dabei fielen ihr doch ähnliche Textpassagen oder Formatierungen auf und sie machte sich auf die Suche nach Plagiaten. Und an der Stelle sagte sich natürlich der Informatiker, dass man das alles sicher einmal manuell machen kann. Auf Dauer ist das für den IT-Fachmann natürlich keine Lösung, aber vielleicht kann man ja dem Computer beibringen, diese manuelle Suche einen zu erledigen. Der Rest ist Geschichte.

Plagiatsvorwürfe: zu Guttenberg, Schavan, Steffel, Giffey, etc. lassen grüßen

Plagiatsvorwürfe haben ja insbesondere in Verbindung mit Dissertationen deutscher Spitzenpolitiker für viel öffentliches Aufsehen gesorgt. Herr Goldbach sieht sich allerdings in keiner Weise als Plagiatsjäger. Er möchte allerdings Bildungseinrichtungen proaktiv die Möglichkeit bieten, Plagiaten „auf die Schliche" zu kommen, unabhängig ob die Arbeit von einem Politiker stammt oder nicht.

PlagScan im Unternehmenseinsatz

Interessant ist, dass PlagScan mit seiner Lösung nicht nur den Bildungsbereich, also Schulen und Universitäten adressiert, sondern auch Unternehmen. Im Interview sprechen wir über die vielfältigen Einsatzmöglichkeiten, die die Software auch im gewerblichen Einsatz bietet. Dabei geht es beispielsweise darum, eine Rechtsverletzung aufzudecken oder zu verhindern. Wie Herr Goldbach erklärt, gibt es zwar das Urheberrecht, wenn man aber damit Geld verdient, sich selbst Texte auszudenken oder Originaltexte zu erwerben, zum Beispiel als Verlag, Blogger, Journalist oder Zeitung, möchte man natürlich dafür sorgen, dass sich nicht ein Dritter diese Texte unlizenziert zu Diensten macht. Doch auch Suchmaschinen bewerten Texte nach ihrer Originalität, da hilft PlagScan dann bei der Qualitätssicherung, um festzustellen, ob man tatsächlich originäre Texte erhält. Darüber hinaus gehen die PlagScan-Entwickler auch in Richtung Stilometrie, also einer Analyse des Schreibstils. Wie Herr Goldbach erläutert kann man mit PlagScan dann auch überprüfen, ob ein Text für eine bestimmte Zielgruppe geeignet ist, für die er geschrieben wurde. Ist es beispielsweise ein Schreibstil, der für acht- bis zwölfjährige Kinder ausgelegt ist oder für ein Ü40-Publikum? Oder ein Schreibstil, der sich an ein weibliches Publikum richtet, etc.. Derzeit stammen zwar noch über 50 Prozent der PlagScan-Kunden aus dem Bildungsbereich, der gewerbliche Anteil wächst laut Herrn Goldbach derzeit aber sogar noch schneller.

PlagScan als Cloud Service

PlagScan wurde von Anfang an als Cloud Service konzipiert. Herr Goldbach erläutert, wo er die Vorteile dieser Vorgehensweise für den Anwender sieht. Sein Mitgründer und er waren stets davon überzeugt, dass Cloud-Software die Zukunft ist. Das Schöne an Cloud-Software allgemein, das gilt natürlich nicht nur für PlagScan allein, ist, dass man als Endnutzer immer die aktuellste Version hat. Man muss sich nicht um Updates kümmern, man muss sich nicht um Kompatibilität mit irgendeinem System kümmern. Man hat den neuesten Browser und man hat die PlagScan-Software. Der Einsatz funktioniert jederzeit und überall und außerdem auch noch plattformübergreifend. Man muss also nicht überall den Laptop mitschleppen, wie Thomas Goldbach betont. Allerdings, so Goldbach, sei das Cloud Computing-Betriebsmodell auch eine Herausforderung, denn als Service Provider müsse man natürlich dafür sorgen, dass man stets die erforderlichen Serverkapazitäten verfügbar habe, um auch hohe Lastspitzen auszugleichen und dem Nutzer jederzeit ein uneingeschränktes Nutzererlebnis zu garantieren. Darüber hinaus geht es darum, stets dafür zu sorgen, dass die Webseite an sich nutzerfreundlich ist, und dass der Übergang von ‚Ich schau mir das Ganze mal an' zu ‚Ich kaufe die Software und kann sie gleich nutzen' möglichst sanft gestaltet ist.

Das vollständige Interview mit Herrn Goldbach gibt es im Cloud Computing Report-Podcast unter www.cloud-computing-report.de/podcast-folge-51.

Terrorismus- und Geldwäschebekämpfung mit der Cloud: Interview mit Tobias Schweiger & Wolfgang Berner, Hawk.AI

Als letztes eher „exotisches" Beispiel für den Einsatz von Cloud Computing möchte ich Ihnen die Lösung Hawk.AI vorstellen. Diese in Deutschland entwickelte Cloud-Lösung soll international Banken und Finanzdienstleister bei der Bekämpfung von Terrorismusfinanzierung und Geldwäsche unterstützen.

Dass es Maßnahmen gegen Geldwäsche und Terrorismusfinanzierung geben muss, ist wohl unstrittig. Dennoch hat man manchmal das Gefühl, dass dieser Kampf einem „Hase-Igel-Spiel" gleicht. So titelt die F.A.Z. Anfang Oktober 2019: „Kampf gegen Geldwäsche überfordert die Aufseher" Sie schreibt weiter: „Die für die Koordination zuständige Zentralstelle für Finanzuntersuchungen scheint überlastet zu sein. Demnach waren im August 46.032 Verdachtsfälle in Bearbeitung durch die FIU. Das sind fast doppelt so viele wie im Februar mit 24.300 Fällen."

Im Interview für den Cloud Computing Report-Podcast erläuterten mir die beiden Hawk AI GmbH-Geschäftsführer Tobias Schweiger und Wolfgang Berger, wie dies in der Praxis genau funktioniert.

Wie Tobias Schweiger erklärt, geht es bei Geldwäschepräventionslösungen generell darum, Banken ein Tool zur Verfügung zu stellen, das es ermöglicht, Verdachtsfälle zuerst einmal zu erkennen und im Anschluss auch darzustellen, so dass die Mitarbeiter der Bank diese Verdachtsfälle bearbeiten können und im Zweifelsfall dann feststellen können, ob sich der Verdacht erhärtet hat oder zu verwerfen ist. Ein Element der Lösung ist das konstante Monitoring der Banktransaktionen auf der Grundlage von KI-basierten Algorithmen. Darüber hinaus bietet die Lösung einen Case Manager, auf dem der Bankmitarbeiter dann die Verdachtsfälle angezeigt erhält und die Analyse durchführt.

Cloud Computing und Künstliche Intelligenz im Zusammenspiel

Wie Wolfgang Berner im Gespräch erklärt, sind Cloud Computing und Künstliche Intelligenz die beiden zentralen Bestandteile der Lösung. Man ist bei Hawk.AI überzeugt, dass es entscheidende Komponenten sind, um Geldwäschebekämpfung auf ein neues Level zu heben. Die Geldwäschebekämpfung, so Berner weiter, kostet derzeit zwar sehr viel Geld, bringt aber nicht wirklich etwas. Die Resultate der derzeit eingesetzten Systeme seien „sehr, sehr bescheiden". Derzeit werden weltweit weniger als ein Prozent der Geldwäschefälle aufgedeckt!

Auf die Nachfrage, weshalb die Hawk.AI-Lösung im Cloud Computing-Modell angeboten ist, erläutert Wolfgang Berner, dass das Standardmodell, in dem die Hakw.AI-Lösung angeboten wird, Software-as-a-Service ist. Der klassische Ansatz bestehender Lösungen sei dagegen nach wie vor On-Premise, also Installation vor Ort beim Kunden. Für den Kunden bedeutet dies nun einen gewissen Sprung an der ein oder anderen Stelle, der aber laut Wolfgang Berner auf jeden Fall Sinn macht. Der Betrieb als Cloud-Lösung, so Berner weiter, bringt für den Kunden eine viel höhere Elastizität. Er erleichtert es, am Ball zu bleiben, denn die Regulatorik ändert sich sehr, sehr schnell. Dank Cloud ist es viel einfacher möglich, diese Änderungen in die Lösung zu übernehmen und neue Features auszurollen.

Darüber hinaus ermöglicht Cloud Computing ein besseres KI-Training, das sehr rechenintensiv ist. Womit wir bei der zweiten Zukunftstechnologie angekommen sind, die bei Hawk.AI zum Einsatz kommt: Künstliche Intelligenz. Auf die Frage, was die Maschine besser kann als der Mensch, wenn es darum geht, Geldwäsche-Aktivitäten aufzudecken, antwortet Tobias Schweiger, dass das Unternehmen ja gegründet worden sei, weil man festgestellt hat, dass die bestehenden Systeme sehr einfach und ausschließlich regelbasiert konzipiert sind. KI kommt bei Hawk.AI an zwei Stellen zum Einsatz. Der eine Bereich ist die so genannte Reduktion von ‚False Positives', also das intelligentere Anzeigen von Verdachtsfällen, aber auch das intelligentere Nicht-Anzeigen von Fällen, die eben kein

Verdachtsfall sind. Darüber hinaus kann ich mit KI viel besser übergreifend über unterschiedliche Kontoinhaber, sogar übergreifend über unterschiedliche Banken Muster erkennen und auf dieser Basis Verdachtsfälle aufdecken, die mit herkömmlichen regelbasierten Methoden nie aufgedeckt werden würden. Herr Berner ergänzt, dass die „Maschine" einfach viel besser in der Lage ist, die Vielzahl dieser einfachen, ganz dummen Fälle weg zu automatisieren. Ihm täten da manchmal auch die Bearbeiter leid, wenn er sich vorstellt, was die immer und immer wieder anschauen müssen. Das kann die Maschine einfach besser.

Das vollständige Interview finden Sie im Cloud Computing Report-Podcast (www.cloud-computing-report.de/podcast-folge-55).

Der YouTube Anwalt zum Thema Cloud Computing und Datenschutz: Rechtsanwalt Christian Solmecke im Interview

Wenn Sie im Internet und dabei speziell auf YouTube nach einem rechtlichen Rat suchen, werden Sie unweigerlich bei Christian Solmecke landen. Der Kölner Fachanwalt betreibt einen YouTube-Channel mit – Stand November 2019 (Quelle: Wikipedia) – rund 2.600 Videos, 475.000 Abonnenten und mehr als 85,5 Millionen Videoabrufen. Bei dem ganzen Hype um seine YouTube-Präsenz wird häufig vergessen, dass Herr Solmecke aber auch ein anerkannter Rechtsexperte für die Bereiche Medien- und Internet-Recht ist und deshalb auch ein kompetenter Gesprächspartner für das Thema Datenschutz und Cloud Computing.

Anlass für unser Gespräch im Sommer 2019 war die Stellungnahme des hessischen Landesdatenschutzbeauftragte Michael Ronellenfitsch, in der dieser erklärte: "Der Einsatz von Microsoft Office 365 an Schulen ist datenschutzrechtlich unzulässig, soweit Schulen personenbezogene Daten in der europäischen Cloud speichern.." Die Nutzung von Cloud-Anwendungen durch Schulen, so Ronellenfitsch, ist generell kein datenschutzrechtliches Problem. In der Microsoft Deutschland-Cloud sei auch die Verwendung von Office 365 in Ordnung gewesen, soweit die von Microsoft zur Verfügung gestellten Werkzeuge (z.B. Rollen- und Berechtigungskonzept, Protokollierung etc.) durch die Schulen sachgerecht Anwendung gefunden hätten.

Im August 2018 hat Microsoft dann aber, darauf bin ich bereits an anderer Stelle eingegangen, der Öffentlichkeit mitgeteilt, dass für die Deutschland-Cloud keine Verträge mehr angeboten werden und der Vertrieb dieses Produkts eingestellt wird.

Die Schule als öffentliche Einrichtung dürfe die personenbezogenen Daten der Schüler jedoch nicht "in einer (europäischen) Cloud speichern, die z.B. einem möglichen Zugriff US-amerikanischer Behörden ausgesetzt ist". Das gleiche gilt laut hessischer Datenschutzbehörde auch für die Cloud Anwendungen von Google und Apple.

Zu Beginn des Interviews sprechen wir nochmals über diesen Fall, der zum Zeitpunkt des Interviews bereits wieder zu einer "Duldung unter bestimmten Voraussetzungen und dem Vorbehalt weiterer Prüfungen" abgeschwächt worden war. Herr Solmecke vermittelt nochmals einen juristischen Überblick über den Fall und erklärt, weshalb für den hessischen Datenschutzbeauftragten insbesondere das Speichern von Daten in der europäischen Microsoft-Cloud ein Problem darstellt. Wir kommen dabei auch kurz auf das im letzten Jahr beendete Angebot der Microsoft Cloud Deutschland zu sprechen, bei der T-Systems als Datentreuhänder fungierte.

Microsoft kündigt neue deutsche Rechenzentren an

Danach gehen wir kurz auf die damals aktuelle Ankündigung von Microsoft ein, zwei neue Rechenzentren – allerdings ohne Treuhändermodell mit T-Systems – zu eröffnen. Das Unternehmen begründet die Neueröffnung unter anderem damit, die Umsetzung der DSGVO für deutsche Kunden zu erleichtern. Herr Solmecke hat dazu seine eigene Meinung.

DSGVO vs. CLOUD Act

Ein weiteres Thema, über das wir im Interview sprechen, ist die sehr unterschiedliche Bewertung des Begriffs Datenschutz diesseits und jenseits des Atlantiks, das sich in sich teilweise widersprechenden gesetzlichen Vorgaben, DSGVO in der EU sowie CLOUD Act in den USA, widerspiegelt. Herr Solmecke erläutert, wie es seiner Meinung nach zu dieser unterschiedlichen Bewertung kommt und erklärt nochmals die unterschiedlichen Regelungen zum Datenschutz nach DSGVO und CLOUD Act.

EU-US Privacy Shield: Schrems II und La Quadrature du Net

Eine weitere Regelung, die seit Inkrafttreten des CLOUD Act auf den Prüfstand kommt, ist der so genannte EU-US Privacy Shield. Beim Europäischen Gerichtshof (EuGH) gibt es derzeit gleich mehrere Verfahren, über die entschieden werden muss. Zum einen geht es um eine Klage durch den durch seinen "Facebook-Feldzug" bekannt gewordenen österreichischen Juristen Max Schrems (Schrems II), zum anderen hat auch die französische Organisation „La Quadrature du Net" Klage eingereicht und Verstöße gegen die Charta der Grundrechte der Europäischen Union geltend gemacht. Im Interview bitte ich Herrn Solmecke um eine Beurteilung dieser Verfahren aus seiner anwaltlichen Sicht.

DSGVO vs. CLOUD Act: Die Unsicherheit bleibt

Darüber hinaus frage ich Herrn Solmecke, wie Privatanwender, aber natürlich auch Unternehmen, die amerikanische Cloud Services nutzen, sich derzeit vor dem Hintergrund sich teilweise widersprechender Regelungen verhalten sollten. Ein Komplettausstieg aus amerikanischen Cloud-Angeboten ist vor dem Hintergrund der Marktmacht der jeweiligen Anbieter ja nur schwer vorstellbar.

Der Blick in die Kristallkugel: DSGVO als zahnloser Papiertiger oder Wettbewerbsnachteil

Zum Abschluss wagen wir einen Blick in die Kristallkugel. Zum einen sprechen wir über die Befürchtung, dass es sich bei der DSGVO um einen "zahnlosen Papiertiger" handelt, der Unternehmen außerhalb der EU gar nicht interessiert, zum anderen über die Befürchtung, dass die DSGVO zum Wettbewerbsnachteil für deutsche und europäische Unternehmen wird, wenn diese bei Verstößen saftige Strafen zu befürchten haben.

Das komplette Interview mit Herrn Solmecke gibt es im Cloud Computing Report-Podcast unter www.cloud-computing-report.de/podcast-folge-35.

GAIA-X: Die Europa Cloud – Daten und Fakten: Interview mit Andreas Weiss, EuroCloud Deutschland e.V.

Über die unter dem Projektnamen GAIA-X bekannten Pläne, eine deutsche, und später auch eine europäische Cloud-Dateninfrastruktur zu errichten, mit der eine höhere Datensouveränität auf der Grundlage deutscher und europäischer Vorgaben (DSGVO) erzielt und die Abhängigkeit von den internationalen Cloud-Giganten verringert werden soll, habe ich an anderer Stelle bereits berichtet. Darüber, dass gerade auf politischer Seite große Hoffnungen in GAIA-X gesetzt werden, hatte ich ebenfalls berichtet. Um Ihnen darüber hinaus aber auch noch Input aus berufenem Munde zu liefern, möchte ich Sie auf ein Interview im Cloud Computing Report Podcast hinweisen, dass ich mit Andreas Weiss, Direktor EuroCloud Deutschland_eco e.V, und Leiter Geschäftsbereich Digitale Geschäftsmodelle beim eco-Verband, zu diesem Thema geführt habe. In seinen Funktionen ist Herr Weiss direkt in die Umsetzung der GAIA-X-Pläne involviert und kann deshalb Informationen aus erster Hand liefern.

Zu den Zielen von GAIA-X befragt, erklärt Herr Weiss, dass es darum geht, eine vernetzte Dateninfrastruktur zu etablieren, und damit die Datensouveränität zu fördern und die Abhängigkeit von wenigen Anbietern zu reduzieren. Was ein wirklich wichtiger Punkt ist, ist die Kombination von Cloud und Datendiensten. Es geht eben nicht nur darum, die klassischen Infrastructure-as-a-Service-Angebote bis hin zu Platform-as-a-Service und Software-as-a-Service zu betrachten, sondern auch darum, wie funktioniert heute und zukünftig der Umgang mit Daten gerade im Kontext mit künstlicher Intelligenz und allem, was wir da prognostizieren an zukünftigen Potentialen. Im Ergebnis soll mit GAIA-X ein Konzept für digitale Infrastrukturen, aber auch ein Ökosystem für Innovationen entstehen.

Danach sprechen wir über das technologische Konzept, das mit GAIA-X verfolgt wird. Herr Weiss erläutert, dass es dabei insbesondere um die technische Umsetzung der bereits angesprochenen Kombination aus Cloud-Infrastruktur und Datenmanagement geht und eine weitere Anforderung darin besteht, „in die Fläche zu gehen mit IT-Lösungen und Services". Stichworte in diesem Zusammenhang sind neben Cloud auch noch Fog Computing und Edge Computing. Dies impliziert die Herausforderung, dezentrales Daten- und Dienste-Management zu ermöglichen. Gerade Industriekunden würden erklären, dass es für sie unwirtschaftlich und technologisch fast nicht umsetzbar ist, alle Daten, die zukünftig z. B. über Sensorik, etc. im Rahmen von Produktions- und Industrieprozessen gesammelt werden, immer in eine zentrale Auswertungsebene zu transferieren.

Ein weiteres Thema des Gesprächs sind die Vorteile einer europäischen Dateninfrastruktur, wobei wir dabei in Anbieter- und Anwenderperspektive unterscheiden. Für beide Seiten gleichwichtig, so Andreas Weiss, sei generell die Transparenz bei der Einhaltung europäischer Datenschutz- und Datensicherheitsanforderungen. Dabei gehe es zum einen um das Einhalten der DSGVO-Vorschriften, aber auch um das Definieren einheitlicher Datensicherheitsregelungen auf EU-Ebene. Darüber hinaus geht es laut Herrn Weiss um den fairen Umgang mit Daten und Verwertungsmöglichkeiten insbesondere für Verfahren der künstlichen Intelligenz. Alle hätten verstanden: KI funktioniert umso besser, je mehr Daten man zusammenbringt und auswertet. Er verweist an dieser Stelle darauf, dass es nicht-europäische Anbieter ganz geschickt verstanden haben, gerade im B2C-Bereich diese Daten in ihren Zugriff zu bekommen und daraus neue Geschäftsmodelle zu entwickeln. Dies ist aber gerade etwas, was für eine deutsche und eine europäische Produktionslandschaft nicht wünschenswert wäre.

Das Zitat von Forschungsministerin Anja Karliczek: „Die Macht über die Daten in Europa soll nicht mehr in den Händen einiger weniger internationaler Konzerne liegen" habe ich bereits an anderer Stelle verwendet – und auch die Einschätzung von Herrn Weiss zum Verhältnis zu den großen Cloud-Anbietern: Wettbewerb, Kooperation oder Ko-Existenz: Zur Frage Kooperation, Wettbewerb oder Koexistenz sind Herr Weiss und sein Verband Fürsprecher, dass es ein offenes und transparentes System sein muss. Das impliziert, dass auch die Hyperscaler Teil einer GAIA-X-konformen Leistungskette sein können und sollten. Herr Weiss glaubt nämlich, dass es sich kein Unternehmen derzeit leisten kann, auf diese Dienste und Service-Angebote zu verzichten."

Das komplette Interview mit Herrn Weiss finden Sie im Cloud Computing Report-Podcast unter www.cloud-computing-report.de/podcast-folge-56.

Kapitel 9: Cloud Computing – Die Sache mit der Kuh und dem Glas Milch

„Ich kaufe mir doch keine Kuh, wenn ich ein Glas Milch trinken möchte!" – auf diesen zugegeben etwas sehr vereinfachenden Vergleich eines Mitarbeiters eines der ersten deutschen Application Service Provider bin ich bereits an anderer Stelle eingegangen.

Später war dann häufig von der „IT aus der Steckdose" die Rede. Ziel dieser Analogien war es, deutlich zu machen, dass Unternehmen – aber auch private Nutzer – IT-Komponenten wie Software, Server oder Speichersysteme nicht mehr erwerben, installieren, betreiben und warten müssen, sondern diese Komponenten als Service von einem Dienstleister beziehen und nutzungsabhängig bezahlen.

Ich denke, mittlerweile hat sich dieses Modell in vielen Anwendungsbereichen zumindest als Option zum klassischen On-Premise-Betrieb fest etabliert. Inwieweit es zukünftig eine „Cloud-only"-IT geben wird, bleibt abzuwarten. Derzeit gehen die Meinungen vieler Marktbeobachter und Experten da noch etwas auseinander.

Die Befürworter argumentieren, dass Unternehmen überhaupt nicht in der Lage sein werden, die Herausforderungen der digitalen Transformation zu bewältigen, wenn sie die dafür benötigte IT-Infrastruktur selbst aufbauen und betreiben müssen. Stattdessen ist es unerlässlich, auf am Markt bestehende cloudbasierte Service-Angebote zurückzugreifen, um darauf die eigenen Anwendungen und Prozesse zu entwickeln und abzubilden. Nur so erhalten die Unternehmen die erforderliche Agilität, Flexibilität und Skalierbarkeit.

Auch ich bin der festen Überzeugung, dass Unternehmen unabhängig von ihrer Größe zukünftig nicht mehr in der Lage sein werden, erfolgreich am Markt zu agieren, wenn sie nicht – zumindest teilweise – auf Cloud Services zurückgreifen. Als kleines Unternehmen profitiert mein Beratungsunternehmen genauso von der Flexibilität, Leistungsfähigkeit, Kostentransparenz und Skalierbarkeit moderner Cloud Computing-Lösungen wie ein mittelständisches Unternehmen, dass derzeit wahrlich vor anderen Herausforderungen steht, als der Frage, wie regelmäßige Software-Updates durchgeführt werden, wer sich um die Backup-Strategie kümmert und wie es gelingt, eine moderne Collaboration-Plattform zu etablieren, um insbesondere junge Mitarbeiter zufriedenzustellen. Und für Großkonzerne ist das Cloud-Zeitalter bereits seit mehreren Jahren angebrochen. Ohne Cloud geht da schon heute nichts mehr.

Die Skeptiker halten dagegen, dass Unternehmen mit dem Einsatz von cloudbasierten Lösungen die Kontrolle aus der Hand geben: Über die damit abgebildeten Prozesse, die dabei genutzten Anwendungen, die damit bearbeiteten Daten. Darüber hinaus weisen sie auf die Risiken hin, die mit dieser Auslagerung verbunden sind. Über die Ausfälle bei einigen großen Cloud Plattform-Betreibern habe ich an anderer Stelle berichtet, täglich greifen Hacker und Cyberkrimelle IT-Infrastrukturen von Unternehmen, Behörden und öffentlichen Einrichtungen an. Auch in diesen Kreisen hat sich bereits herumgesprochen, dass der Angriff auf einen Cloud Service Provider weitaus mehr Schaden anrichten kann, als wenn einzelne Unternehmen attackiert werden. Diese Bedrohungslage zu meistern, ist sicher eine der wichtigsten Erfolgsfaktoren für die zukünftige Entwicklung des Cloud Computing-Marktes. Doch nicht nur die „Großen" müssen auf der Hut sein. Ich erinnere mich noch an einen Fall aus dem Jahr 2017, als ein SaaS-Startup bekannt gab, eine Finanzierungsrunde erfolgreich abgeschlossen zu haben, und dann wenige Tage danach von Hackern angegriffen wurde. Diese legten kurzerhand die Server des Unternehmens lahm und forderten Lösegeld. Als sich das Startup nicht auf den Erpressungsversuch einließ, wurde es in den folgenden Tagen weitere vier Mal angegriffen. Die Webseite des Unternehmens war während dieser Zeit mehrfach nicht erreichbar. Gott-sei-Dank forderten die Investoren kein Geld zurück und der Hacker-Angriff blieb letztendlich erfolglos. Das Unternehmen ist auch heute noch erfolgreich als SaaS-Anbieter tätig. Dennoch zeigt dieses Beispiel, wie schnell man als Cloud Service Provider in den Fokus cyberkri-mineller Subjekte gelangen kann.

Ich glaube auch, dass die sich weiter verschärfende Bedrohungslage durch Cyberkrimi-nelle für Cloud Computing-Anbieter die Herausforderung Nummer 1 sein wird, die es zu bewältigen gilt. Doch damit sitzen sie im selben Boot wie alle anderen Unternehmen. Wie der Branchenverband Bitkom im November 2019 bekannt gab, entsteht der deut-schen Wirtschaft schon heute durch Sabotage, Datendiebstahl oder Spionage ein Scha-den von mehr als 100 Milliarden Euro. Drei Viertel der Unternehmen (75 Prozent) waren in den vergangen beiden Jahren von Angriffen betroffen, weitere 13 Prozent vermuten dies. In den Jahren 2016/2017 wurde nur jedes zweite Unternehmen (53 Prozent) Opfer.

„Umfang und Qualität der Angriffe auf Unternehmen haben dramatisch zugenommen", lautet dann auch das wenig ermutigende Urteil von Bitkom-Präsident Achim Berg. Er erklärt weiter: „Die Freizeithacker von früher haben sich zu gut ausgerüsteten und tech-nologisch oft sehr versierten Cyberbanden weiterentwickelt – zuweilen mit Staatsres-sourcen im Rücken." Digitale Angriffe haben in den vergangenen beiden Jahren bei 70 Prozent der Unternehmen einen Schaden verursacht, im Jahr 2017 waren es erst 43 Pro-zent gewesen.

Wenn Sie mich allerdings fragen, wem ich eher zutraue, sich gegen solche Angriffe zu rüsten: Einem Anwenderunternehmen, für das IT-Security nur „eine Baustelle von vie-len" ist, oder ein Cloud Service Provider, dessen Kern-Geschäft davon abhängt, dass seine Systeme sicher und verfügbar sind, dann tippe ich ganz klar auf letzteren.

Ein weiterer Aspekt, die die zukünftige Entwicklung des Cloud Computing-Markts in Deutschland weiter beeinflussen wird, ist das Thema Datenschutz. Auf die unterschied-lichen Bewertungen dieses Themas in Europa (DSGVO) und außerhalb Europas (Cloud ACT, Staats-Cloud in China) bin ich ausführlich eingegangen. Derzeit deutet wenig darauf hin, dass sich daran kurz-bis mittelfristig etwas ändern wird.

An dieser Stelle ist der Cloud Computing-Nutzer gefragt. Denn er hat es in der Hand, selbst zu entscheiden, welche Cloud-Lösung er einsetzt. Dass es auf Grund der derzeitigen Marktsituation nicht immer einfach ist, „einen Bogen um die Cloud-Giganten" zu machen, ist klar. Selbst der Betrieb eines Smartphones ist heute ja ohne Nutzung der zu Grunde liegenden Cloud-Infrastruktur des Anbieters kaum mehr möglich. Von WhatsApp, Dropbox oder Microsoft Office 365 ganz zu schweigen.

Doch gerade im Unternehmensumfeld macht es sicher Sinn, genauer hinzuschauen. In den meisten Anwendungsbereichen gibt es entsprechende Lösungen „made in Germany" bzw. „Made in Europe", bei denen die Daten in Deutschland bzw. in Europa gespeichert werden und damit nicht mal so schnell über den großen Teich oder die chinesische Mauer transferiert werden, damit eine Behörde oder ein Geheimdienst „da mal kurz drüberschaut". Inwieweit diese Angebote dann gegen die Konkurrenz der Cloud-Größen bestehen werden, wird sich zeigen. Ein Mehr an Datenschutz gibt es sicher nicht zum Nulltarif. Dies gilt aber auch für andere derzeit kontrovers diskutierte Themen wie Nachhaltigkeit und Umweltschutz.

Gespannt bin ich vor diesem Hintergrund, wie sich das Projekt GAIA-X weiter entwickeln wird. Konzept und Ziele sind sicher ehrenwert und nachvollziehbar. Unklar bleibt allerdings derzeit die Positionierung im Markt. Will man GAIA-X nun GEGEN oder MIT den großen internationalen Cloud-Anbietern umsetzen? Die Aussagen dazu sind derzeit noch eher widersprüchlich.

Fazit: Ich denke, ich bin kein Prophet, wenn ich davon ausgehe, dass Cloud Computing als Betriebsmodell für IT-Lösungen auch in Deutschland nicht mehr von der Bildfläche verschwinden wird. „The cloud is here to stay!" lautete eine meiner Kernaussagen zum aktuellen Cloud Computing Marktbarometer Deutschland. Welche Entwicklung der deutsche Cloud Computing-Markt in den nächsten Jahren nehmen wird, wird aber weiter spannend sein zu beobachten.

In eigener Sache: Marktbeobachter des deutschen Cloud Computing-Marktes

Wie zum Abschluss des letzten Kapitels versprochen werde ich mich auch weiter als herstellerunabhängiger Marktbeobachter des deutschen Cloud Computing Markt beschäftigen. Die Ergebnisse dieser Beobachtungen finden Sie im Cloud Computing Report (www.cloud-computing-report.de), auf dem ich gemeinsam mit meinem Redaktionsteam aktuelle News und Hintergrundinformationen (Umfragen, Marktstudien, Analysen) zum deutschen Cloud Computing-Markt veröffentliche.

Kommentare zum aktuellen Marktgeschehen veröffentliche ich auch weiter im Cloud Computing Report-Podcast (www.cloud-computing-report-podcast.de) Darüber hinaus lade ich dort auch zukünftig Marktteilnehmer aus dem deutschen Cloud Computing-Markt zum Interview ein. Wie die im Buch gezeigten Beispiele unterstreichen, geht es mir dabei insbesondere darum, Cloud-Lösungen und deren Anbieter vorzustellen, die sich auf den deutschen Cloud Computing-Markt fokussieren oder sich etwas außerhalb des allgemeinen Cloud-Mainstreams bewegen. Und wenn ich der Überzeugung bin, dass es zu einem bestimmten Cloud-Thema den Rat eines Experten (Anwalt, Verbandsvertreter, Marktbeobachter, etc.) einzuholen bedarf, werde ich auch dies weiter tun.

Wenn Sie über alle weiteren Folgen des Cloud Computing Report-Podcast informiert werden möchten, abonnieren Sie den Podcast am besten unter

- Spotify (www.cloud-computing-report.de/spotify)
- Apple iTunes/Apple Podasts (www.cloud-computing-report.de/itunes) oder
- Google Podcasts (www.cloud-computing-report.de/google-podcasts)

Was konkrete Daten und Fakten zum deutschen Cloud Computing-Markt betrifft, werde ich mit unserem Umfrageteam auch zukünftig einmal im Jahr das Cloud Computing-Marktbarometer Deutschland durchführen und dazu in Deutschland tätige Cloud Service Provider zum aktuellen Status und zur zukünftigen Prognose des deutschen Cloud Computing-Marktes befragen. Wenn Sie über die Ergebnisse auf dem Laufenden gehalten werden möchten, abonnieren Sie am besten den Cloud Computing Report Newsletter (www.cloud-computing-report.de/newsletter). Ich informiere Sie dann, wenn die aktuellen Ergebnisse vorliegen.

Und wenn Sie sich persönlich mit mir zum Thema Cloud Computing in Deutschland austauschen möchten oder einen Referenten/Speaker zum Thema Cloud Computing suchen, stehe ich Ihnen gerne unter werner@werner-grohmann.de zur Verfügung.

Stichwortverzeichnis